冠軍咖啡師的
浪漫咖啡料理

前菜、醬汁、甜品，用 Espresso 做出精緻香醇特色饗宴

Barista　橫山千尋

瑞昇文化

冠軍咖啡師的浪漫咖啡料理　目錄

在閱讀本書之前

● 義式濃縮咖啡（液體），基本上是使用剛萃取好的狀態。若需等待冷卻之後再做使用時，會在作法之中標示出來。

● 「EXV.橄欖油」指的就是「頂級冷壓初榨橄欖油（Extra virgin olive oil）」。

● 食譜作法中所標示的分量、加熱時間、加熱溫度是大致基準。請視烹調狀況依喜好進行調整。

● 作法中的步驟解說，原則上會省略掉肉品、魚、蔬菜的事先處理說明（清洗、清理、去皮等步驟）。

Capitolo 1°

作為料理「食材」的
義式濃縮咖啡

在義大利一提到咖啡，指的就是「義式濃縮咖啡」。

為何會想要將義式濃縮咖啡，作為料理的食材加以活用呢？

而義式濃縮咖啡又會為料理帶來什麼樣的效果呢？

只要對這些事有所了解，就能夠拓展咖啡的更多可能性。

何謂義式濃縮咖啡？

>>>Cos'è il caffè espresso?

義式濃縮咖啡的定義

本書所介紹的菜單食譜中使用到的義式濃縮咖啡都是「Espresso Italiano」（義大利烘焙咖啡豆）。而所謂的義式濃縮咖啡，是一種以專用機器在短時間之內將咖啡豆高壓萃取出來的咖啡。屬於一種凝縮了咖啡香氣與風味的濃縮液，跟用濾紙慢慢萃取出來的手沖滴漏式咖啡可說是完全不同的東西。

雖然我們常常都說義式濃縮咖啡，但其實根據地區的不同，在風味的呈現上也會有細微的差異。即便是在義式濃縮咖啡的發源地義大利，北義大利與南義大利人們所喜歡的風味也不盡相同。米蘭和佛羅倫斯在內的義大利北部與中部喝咖啡的人以商務人士居多，為了要在工作的空檔快速喝上一杯繼續回歸崗位，人們多半喜歡中度烘焙（Medium Roast）的義式濃縮咖啡。另一方面，拿坡里在內的義大利南部地區的小酒館

顧客多為體力勞動者，他們則是愛好在苦味與香氣上面擁有較強衝擊感的風味。諸如此般，義式濃縮咖啡也會配合不同地區人們的喜好而進行風味上的調整，並不存在於全世界都共通的味道。

為此，義大利國家咖啡協會（INEI）便想著，要在這些咖啡之中，為義式濃縮咖啡設立出一定的標準，於是就根據ISO45011（農作物加工品質認證N214），明訂出如左頁一般的定義。凡是符合該項標準的咖啡，就能獲得於世界42國設有分會的國際義大利咖啡品鑑協會（IIAC）認可。不論是培育專業的咖啡品鑑師，或是在國際義大利咖啡品鑑協會所主辦的競賽（國際義大利咖啡冠軍大賽〔Espresso Italiano Champion〕）中，都是以基於該定義所萃取出來的義式濃縮咖啡為基礎，而本書中所使用的義式濃縮咖啡也都是以INEI的定義為基準。

呈現榛果色的咖啡脂（Crema）、帶有馥郁的香氣（花香、果香、巧克力香、焦糖香氣等）、具有適度的口感（滑順而圓潤、柔和度、濃稠感）正是最為理想的義式濃縮咖啡特徵。

INEI的義式濃縮咖啡定義（部分擷取）	
粉量	7 g±0.5g
溫度	67℃±3℃
壓力	9bar±1
萃取時間	25秒±5秒
萃取量	25ml±2.5ml
咖啡豆	5種以上的綜合咖啡豆

在義大利，人們直接將義式濃縮咖啡稱為「咖啡」，所以一說到咖啡，指的就是義式濃縮咖啡。義大利人一天會數次光顧小酒館去喝杯咖啡。義式濃縮咖啡可以說是融入人們生活中的一種存在。然而，在日本卻仍舊有不少人對義式濃縮咖啡抱持著負面的印象。

之所以會覺得義式濃縮咖啡「很苦」、「很濃」，是因為日本人的飲用方式出了問題。在義大利，人們在飲用前會加入砂糖並仔細攪拌均勻。如此一來，就能夠讓甘味、苦味、酸味取得良好的平衡。喝第一口的時後感受咖啡中的苦味，喝第二口的時後感受沁入鼻尖的香氣，喝第三口的時後享受甘甜滋味，這才是義式濃縮咖啡的品飲方法。

日本似乎較常會使用3種左右的咖啡豆進行混合，然而在義大利，原則上使用的都是混合了5種以上的咖啡豆。義式濃縮咖啡的魅力，在於其複雜的風味與香醇的滋味、馥郁的香氣，而這些都需要透過綜合咖啡豆才能調和出來，因此，若想要濃縮出具有衝擊性的獨特風味，就必須要混合5種以上的咖啡豆。

我心中所思及的美味義式濃縮咖啡，是一種在具有苦味的主體中帶著適度的酸味，散發出一股像是要沁入鼻腔深處的芳香，並且有著類似焦糖或微苦巧克力後味的咖啡。如果能夠讓人們了解到這種美味，我想即便是日本人應該也能夠在日常生活中去享受這種品飲樂趣才對。

此外，義式濃縮咖啡因為味道濃醇，所以也很容易被人認為「咖啡因含量很高」，但其實咖啡因在咖啡豆進入深焙階段的時候就已經揮發掉很多。而且，因為會施加壓力快速地進行萃取，溶入濃縮咖啡液裡的咖啡因含量反而比手沖滴漏式咖啡還要來得少。原本咖啡因就被認為是具有恢復疲勞和促進大腦活性化等等的正面作用。能夠藉由攝取適量的咖啡因，為身體帶來良好效用的這一點，也可以說是義式濃縮咖啡才有的魅力。

義大利的義式濃縮咖啡會混合5種以上的咖啡豆，藉以調和出具衝擊性的濃縮咖啡風味。

將義式濃縮咖啡作為「食材」活用於料理之中

>>>Utilizzo del caffè nella cucina come ingrediente

為何會想將義式濃縮咖啡應用到料理之中？

不知道最剛開始聞及「義式濃縮咖啡料理」時，大家對此是抱著什麼樣的印象呢？

「感覺會很苦。」
「是咖啡味料理嗎？」
「含有滿滿的咖啡因。」

我想，恐怕有不少人會抱持著類似這樣的印象吧。而其中最多的，應該就是「難以想像！」吧？

我所構思出來的義式濃縮咖啡料理，是一種將義式濃縮咖啡以各種形式入菜的料理。大概還盡是一些會顛覆多數人這種既定印象的料理。

在義大利，打從一開始就未曾有過將義式濃縮咖啡拿來入菜的料理。本書所刊食譜都是我的個人原創。那麼，為什麼我會想到要將義式濃縮咖啡應用到料理之中呢？最剛開始的契機，源自於我時常感覺到日本的義大利餐廳沒有供應義式濃縮咖啡，或是即便有供應也不去追求義式濃縮咖啡的美味程度。

我因為工作的緣故，有較多的機會和義大利餐廳主廚進行談話。在這種時候，當我一問及店內是否有供應義式濃縮咖啡時，幾乎都會得到「咖啡的事情我不太了解，所以……」這種並未在義式濃縮咖啡上面投注心力的答覆，令我甚感失望。

咖啡作為餐後收尾飲品，理應是能令顧客留下對店內用餐印象的重要存在。

不論提供了用多麼講究的食材製作而成的美味佳餚，只要作為收尾飲品的咖啡不夠好喝，那麼供餐者所做的努力便都會淪為一種徒勞。人家如此竭力地尋找入菜的食材，為何卻對如此重要的咖啡不甚講究呢？於是我便開始尋思著，希望能將咖啡作為一種食材，博得更多店家的注目。

希望義式濃縮咖啡能夠作為食材，獲得義大利餐廳的更多關注。
基於這樣的想法，研發出了各式各樣活用義式濃縮咖啡的料理。

如果是一間義大利餐廳，我就會希望店家至少也要使用義大利烘焙咖啡豆。然而，若點購義式濃縮咖啡的人不多，咖啡豆就會逐漸劣化。那樣的話，不如將義式濃縮咖啡也應用到飲品之外的用途，增加咖啡豆的使用量，就能經常使用新鮮的咖啡豆。基於這樣的主意，我便開始思索著將義式濃縮咖啡也活用到料理之中。

將義式濃縮咖啡視為一種「食材」

我之所以會想要研發義式濃縮咖啡料理，其實還有另外一個理由。

咖啡豆原本就是一種農產品。在悠久的歷史之中，咖啡果（果實的種籽）並不是在一開始就被拿來烘焙、沖煮後飲用，而是歷經過各式各樣的階段之後才演變成了咖啡這種飲品。思及這樣的沿革時，我便不禁開始思忖，是否已經到了應該要讓咖啡這個東西的使用方法有所變化的時期呢？而那個改變，正是將咖啡作為一種「食材」活用到料理之中。

而這種想法的基礎源自於我身為調酒師（Barman）的思想，希望讓義式濃縮咖啡在日本成為一種更為人所知的存在。由於義式濃縮咖啡文化在義大利已然根深柢固，自然也就不會有這樣的想法，因此恐怕也不存在使用義式濃縮咖啡製作而成的料理。對於注重傳統的義大利人們來說，說不定還會覺得「用義式濃縮咖啡做的菜，根本就是邪魔歪道」。大家不妨將本書所介紹的多數料

理，理解成是我想要透過義大利料理，讓日本人更加了解義式濃縮咖啡魅力的一種個人表現。

活用於料理之中所產生的效果

那麼，將義式濃縮咖啡廣泛應用到料理之中，會帶來什麼樣的效果呢？

諸如苦味之中還帶著酸味等，義式濃縮咖啡本身就具有十分複雜的風味。添加這樣的義式濃縮咖啡，能夠達到一種提味的效果、令食材更加突出，烹調出一道風味更具深度的料理。而且，咖啡特有的香氣，也具有加深人們對料理的印象、壓過食材特殊味道使風味更顯調和的效果。義式濃縮咖啡作為食材的可能性愈顯廣闊，如此深具魅力的食材若僅僅只是作為飲品享用就未免太過可惜了。

此外，義式濃縮咖啡在健康與美容上的良好效果也備受期待。義式濃縮咖啡中含量適中的咖啡因，除了可以消除肉體上的疲勞和幫助恢復之外，還能夠活化腦部的運作，使思考更為靈敏、專注力更加提升。甚至還能夠促進新陳代謝、幫助排出老舊廢棄物，進而發揮出美肌效果。除此之外，據說也還具有放鬆心情的效果和幫助消化的作用。我自己本身在吃過義式濃縮咖啡料理的隔天，都會覺得胃很輕鬆，對那項效果感同身受。近年來，由研究機關所發表的「咖啡可以預防癌症」的議題也備受關注，可謂是一項隱藏著各種效用的食材。

應該如何販售義式濃縮咖啡料理？

我所規劃出來的義式濃縮咖啡料理，會在位於山口縣宇部市的義大利餐廳「ANCORA（アンコーラ）」舉

從拿鐵咖啡就可知道，義式濃縮咖啡和牛奶（＝乳製品）非常地對味。在菜單的研發上，有很多都是從飲品方面開始進行提案。

辦活動時供應。我在某個義大利食材的活動上，認識了大久保憲司主廚，「ANCORA」這家餐廳便是他的店鋪。他是我本身長期結交且有保持往來的其中一位主廚。

大約在至今八年前左右，大久保主廚向我提出了「要不要一起辦此活動？」的邀約。我覺得就大久保主廚而言，舉辦甜點（Dolce）和咖啡類活動的印象比較強烈。而且當時正好也接近4月16日的「義大利咖啡節」（Italia Espresso Day：由國際義大利咖啡品鑑協會義大利總會，制定出來的義式濃縮咖啡紀念日）之際，我覺得這是個讓人們認識義式濃縮咖啡的好機會，所以就向大久保主廚提議說「我想要來做做看義式濃縮咖啡料理的套餐！」。這是將我以前思忖過的「能否將義式濃縮咖啡拿來製作成菜餡、甜點、義式冰淇淋（Gelato）、咖啡等各種應用？」的構想，拿來作為能夠炒熱活動的引爆點而想出來的提案，可以說是一種新的嘗試。

老實說，這如果要辦在自己店裡就……。再加上大久保主廚是位勇於嘗試新挑戰的人，所以就接受了我這個新的活動規劃組合。

一開始，顧客們對此所給出的反應都是「咦——？」、「沒有普通的套餐嗎？」，迴響並不熱烈。誰也不曾吃過以義式濃縮咖啡入菜的料理，有這樣的反應也是無可厚非的。因為他們想像不出那會是什麼樣的一種味道。然而，實際品嚐過的顧客卻都相繼給出非常不錯的評價，對於「明年會端出什麼樣的義式濃縮咖啡料理呢？」的關切之聲此起彼伏，整場活動的氣氛十分熱烈。此後，義式濃縮咖啡料理便成為了該店，每年都會舉辦的這個活動的固定項目，料理內容隨著年年的舉辦而有所進化，保留的菜式也隨之有所增加。如今這個活動與其說是一家餐廳的活動，反而更像是一場能讓參與者都為之開心的地區性大型活動。

雖然義式濃縮咖啡料理，在不曾吃過的情況下很難想像其味道，但只要實際嚐過之後就能夠了解它的美味之處。要從一開始就供應套餐的困難度有點高，所以建議可以先從單項料理開始做供應。在前菜拼盤中加進一道義式濃縮咖啡料理，或是組合到套餐之中更添菜色上的變化。不擺到常態性菜單之中，而是將其作為「主廚推薦料理」或是「今日特別推薦」供應的方式應該也很不錯。我想，只要能夠先讓顧客實際品嚐並意識到義式濃縮咖啡料理的美味程度，之後就能夠慢慢地將義式濃縮料理滲透到正式的菜單之中。

義式濃縮咖啡料理並非只能出現在義大利餐廳之中，咖啡廳和酒館這些店也都很合適。如果是採開放式廚房的店家，可以藉由讓顧客觀賞，將用機器萃

每年七月於「ANCORA（アンコーラ）」餐廳舉辦的
常態性活動「義大利祭」的一部分活動剪影。以橫山咖
啡師為首，邀來名店義大利主廚和甜點師等來賓，舉辦
料理教室或拉花體驗等講座。也提供以義式濃縮咖啡入
菜的料理，令出席者備覺欣喜。

取出來的義式濃縮咖啡添加到料理之中
的烹調過程，營造出烹調表演的氛圍。
讓顧客見識到咖啡師和主廚之間的攜手
合作，也相當具有展示效果。奶油培根
義大利麵或是千層麵等義大利麵料理、
揉入義式濃縮咖啡的麵包、以提拉米蘇
為首的甜點等等，都和咖啡廳這類休閒
型態的店鋪十分契合，也能夠提升「義
式濃縮咖啡很好喝的店家」的專業性。

此外，先前曾提到過的有益健康的效
果，應該也能成為宣傳的一大重點。

活用義式濃縮咖啡的方式

>>>Come utilizzare il caffè

以五種方法來善加利用義式濃縮咖啡

本書所介紹的義式濃縮咖啡料理，會將義式濃縮咖啡以五種方式進行添加使用。第一種方法是直接使用「完整的咖啡豆」。第二種方法是使用以手搖式磨豆機細磨碎豆子的「現磨咖啡豆顆粒」。第三種方法是使用以義式濃縮咖啡磨豆機細研磨出來的「細研磨咖啡粉」。第四種方法是使用萃取出來的「濃縮咖啡液」。而第五種方法則是使用萃取完咖啡的「咖啡渣」。

我所構思出來的食譜，會根據料理的需求而有不同的添加目的，像是用來增添苦味、帶出香氣、加進咖啡豆的口感，又或者是用來為外觀做點綴等。也會配合各種目的，將咖啡豆浸泡到液體之中、在最後略為撒上咖啡粉、在食材之中混入咖啡液。應該如何添加義式濃縮咖啡才能得出最佳的效果？我經過不

斷的錯誤嘗試之後，才終於歸納出這五種方法。或許有人對於連「咖啡渣」也拿來入菜感到意外，但咖啡渣只要經過些許的處理，就能夠搖身一變成為相當出色的材料。完整利用食材不予捨棄，正是我的思考模式。

這五種使用方式有個共通點，那便是一律都使用在義大利經過認可的新鮮咖啡豆。在作為食材的前提之下，如果咖啡豆不夠好的話，那麼做出來的料理也就不會美味到哪裡去。

不論是其中哪個運用方式，最大的要點就是使用新鮮現磨、剛萃取出來的義式濃縮咖啡。研磨好的咖啡粉放得久了，香味就會散去；萃取好的濃縮咖啡液放得久了，烹煮時就會帶有較強的苦味。如此一來，原先想利用的義式濃縮咖啡優點反而消失。

那麼接下來，將從次頁開始針對這五種方法做具體一點的說明。

使用「完整咖啡豆」

讓食材吸收咖啡的香氣

在義大利，原則上就是要將5種以上的咖啡豆混合以後再做使用。我個人是使用位在倫巴底州的CAFFÈ MILANI公司的「Gran Bar」咖啡豆。這款咖啡豆獲得了義大利國家咖啡協會（INEI）的認可，裡面混合了7種咖啡豆。苦味和酸味之間有著極佳的平衡，一添加砂糖就會產生帶有濃郁巧克力香氣的風味。要將咖啡豆運用到料理上面時，也很推薦使用經過義大利國家咖啡協會認可的咖啡豆。

和其他食材一樣，咖啡豆的新鮮程度也相當重要。咖啡豆包裝開封之後要在一週到十天左右使用完畢，並且要將咖啡豆放到密封容器之中，置於冷藏室進行冷藏保存（要長時間保存的情況下則冷凍），以避免咖啡豆接觸到空氣。

至於運用到料理上面的方法，則是使用將咖啡豆浸泡到液狀鮮奶油之中，或是將咖啡豆和煙燻木屑放在一起進行煙燻等方式，讓咖啡的香氣滲透進食材之中。還有另一種運用手法，就是將咖啡豆粗略地碾碎之後混到沙拉裡面，此時的目的就在於要品嚐咖啡豆的口感和增添微苦風味。

咖啡豆推薦選用在義大利進行烘焙的「Espresso Italiano」。而橫山咖啡師長年使用的咖啡豆為，經過義大利國家咖啡協會（INEI）認可的，CAFFÈ MILANI公司的「Gran Bar」咖啡豆。

使用「現磨咖啡豆顆粒」

撒在做好的料理上面，點綴淡淡的咖啡香

磨豆時最愛用的HARIO手搖式磨豆機。可以磨出剛剛好的粗細度，整體小而精巧，所以也能夠直接現磨撒到料理上面。

用菜刀剁碎的咖啡豆會太粗，用義式濃縮咖啡磨豆機研磨出來的咖啡粉又太細。這種時候，我就會使用以手搖式磨豆機磨出來的「現磨咖啡豆顆粒」。約莫是用來沖煮手沖滴漏式咖啡時的粗細程度。

「現磨咖啡豆顆粒」較常用來撒在擺盤好的料理上面做點綴。撒在奶油培根義大利麵或義大利燉飯上面，能使其看起來就像是撒了黑胡椒，吃起來卻帶著淡淡的咖啡香氣。雖然用現磨胡椒罐來研磨咖啡能夠讓整體賣相更好，但是這樣一來，在研磨上過於耗時，而且研磨出來的咖啡顆粒也太像辛香料。果然，最好還是交給咖啡專用的磨豆機為佳。

除此之外，也還有將研磨過的咖啡豆混入顆粒芥末醬之中的方法，製作出義式濃縮咖啡風味芥末醬。雖然聽上去有點難以想像，但卻能夠調製出相當具有深度的味道。

使用「細研磨咖啡粉」

作為提味用途，能夠增添苦味

長年都在使用的LA CIMBALI的義式濃縮咖啡磨豆機。將拉動拉桿之後會掉出的粉量設定為7公克。

將要用來萃取義式濃縮咖啡的「細研磨咖啡粉」運用到料理之中。用義式濃縮咖啡磨豆機研磨出來的咖啡粉顆粒，比「現磨咖啡豆顆粒」還要細，主要是在想要提味或是增添苦味的情形下使用。像是混合鹽巴調配成義式濃縮咖啡鹽，撒在「酥炸披薩餅皮」這道油炸料理上面。如同香料鹽一般，還能夠增添一股隱隱約約的苦味。由於整體呈現細緻的粉末狀，故而不會影響到口感。

而要使用義式濃縮咖啡磨豆機，必須還要有配合咖啡豆去研磨出最佳粗細度的能力。察看咖啡豆的烘焙狀況和外觀，判斷出應該要研磨至何種程度為佳。深焙咖啡豆因為脫去了水分，重量輕盈且較為鬆軟，所以咖啡粉要研磨得細一點。淺焙咖啡豆則是較重且較硬，所以將咖啡粉研磨得粗一點。若想要能夠做到這一點，就必須要學會咖啡的特性、了解各式各樣的咖啡，反覆地進行檢驗確認。

時常讓磨豆機儲豆槽內的咖啡豆保持在6～7分滿的狀態，就能夠讓掉下來的粉量較為穩定。

使用「咖啡液」

增添咖啡的風味與色澤

所謂的「咖啡液」，指的就是萃取出來的義式濃縮咖啡。為了將料理烹調得更顯美味，首先最為重要的就是把最為基礎的義式濃縮咖啡沖煮好。

而據說沖煮出一杯好喝的義式濃縮咖啡的要素之中，咖啡豆占了50%、咖啡機占了30%、咖啡師的能力占了20%。讓我們確實掌握這合計為100%的基本萃取技術，以確保能夠使用剛萃取出來的義式濃縮咖啡吧！

關於咖啡液的使用方式，可以將咖啡液加到馬斯卡彭起司裡面，製作出咖啡風味奶油起司，或是混合到優格裡面，製作成義式生魚片淋醬。是用途最為廣泛，能在想增添苦味或增加咖啡風味之際，起到相當大的作用。此外，有時也會混入浸泡食材用的醃漬液之中，而在這種情況下也能讓食材吸收到咖啡的顏色。

在日本一直使用的LA CIMBALI的半自動咖啡機M39型號。重點在於要依據店的經營概念、規模，以及跟選用的咖啡豆之間的搭配性去做挑選。

義式濃縮咖啡的基本萃取方法

研磨7公克的咖啡粉，填充到沖煮把手裡面。記住填入精準量測好的咖啡粉後，咖啡粉表面離沖煮把手邊緣大約會留有多少距離。接著用手輕輕拍打沖煮把手，讓咖啡粉表面變得平整，以便能夠均勻填充咖啡粉。

利用磨豆機的突起部分、填壓器（磨豆機填壓器）或手動填壓器進行壓粉動作。壓粉是帶出甘味的重要作業。施加16～20公斤的壓力，讓沖煮把手內的咖啡粉呈水平分布。令咖啡粉呈水平分布，才能讓熱水平均地穿透咖啡粉，確實地帶出咖啡的甘味。由於壓粉的施力太強會引出苦味、施力太小則容易帶出酸味，故而必須施加恰到好處的壓力。

壓下萃取按鈕待4～5秒的悶蒸結束後，就會流出如蜂蜜般略稠的液體。約莫15秒後，顏色會由深褐色轉為淡褐色，流出的液體（甘味成分）流量也會漸漸變少。以大約在25秒的時間，萃取出25毫升的義式濃縮咖啡為基準。必須要多加留意的是，填入沖煮把手內的咖啡粉若沒有呈水平分布，或是機器沒有水平擺放，流入兩個杯子裡的咖啡萃取量就會不一樣。

一杯優質的義式濃縮咖啡，即使用湯匙進行攪拌，上層的咖啡脂（Crema）仍舊會快速回復到原本的狀態。當咖啡脂層在攪拌之後，仍維持被攪開的狀態而沒有回復成一整層咖啡脂，或是直接就這樣散掉，能夠想到的原因大多是咖啡豆放太久，或是咖啡粉的粗細度不夠恰當等等。而萃取完咖啡的咖啡渣狀態也能幫助我們判斷義式濃縮咖啡的優劣。用手指輕壓咖啡渣表面，若會出現有的地方能被壓凹、有的地方壓不凹這樣鬆散的狀態，就表示問題出在咖啡粉的裝填或加壓不均。

使用咖啡渣

揉入麵團之中增添香氣

萃取完義式濃縮咖啡之後的「咖啡渣」也用於料理之中。或許大家對此印象並不太好，不過我長時間以來都在思索，咖啡渣能不能也作為一種食材拿來做些什麼運用呢？即便萃取掉了咖啡豆的油脂，仍有咖啡的香氣殘留於其中，所以我便想到可以將它揉進麵包和義大利麵的麵團之中，作為增添香氣之用，加以活用。

只不過，若是直接將濕潤的咖啡渣，揉入像義大利巧巴達麵包這種低加水的麵包麵團中，就會影響到麵團的狀態，所以會將咖啡渣乾燥之後再做使用。只要將咖啡渣平鋪到烤盤裡面，再將烤盤置於烤箱上方等處，就能自然而然地進行乾燥。乾燥之後就能在不影響麵團的形況下，製作出香氣馥郁的麵包和義大利麵。增添美味的同時，還可以毫不浪費地完整利用咖啡豆，可謂是一石二鳥。

萃取完咖啡之後，殘留在過濾器中的咖啡渣，也能夠加以運用到料理之中。平鋪在烤盤上麵自然乾燥，再揉入到麵包或義大利麵的麵團之中。

用萬能的義式濃縮咖啡來製作料理吧！

>>>Cuciniamo utilizzando l'ingrediente universale: il caffè!

義式濃縮咖啡能夠為料理
增添各式各樣的魅力

至此已經針對義式濃縮咖啡料理的魅力，以及義式濃縮咖啡的五種使用方式做了說明。不知大家是否都已經了解到，能為料理增添口感等各種魅力的義式濃縮咖啡，是一種被埋沒的萬能食材了呢？想不想快點試著動手做做看，這些至今為止不曾看過也未曾吃過的義式濃縮咖啡料理呢？

本書會介紹到前菜（Antipasto）、義式沙拉（Insalata）、第一道主菜（Primo piatto）、第二道主菜（Secondo piatto）食譜，還包含了甜點（Dolce）、基本款飲品、特調飲品與雞尾酒食譜。只要實際動手試著製作看看，想必一定就能夠重新體悟到義式濃縮咖啡的魅力吧！想在食譜中加入個人獨創的創意也完全OK。只要能夠讓更多人了解到義式濃縮咖啡的美味之處，我就會覺得那都是極好的。

義式濃縮咖啡的風味和香氣，能夠更加映襯食材。這種至今為止未曾有過的義式濃縮咖啡活用方式，其新奇程度應該也能用來吸引顧客吧！

Capitolo 2°

將義式濃縮咖啡
作為「食材」使用的料理

於此將介紹幾道附上食譜的菜單，

主要是將義式濃縮咖啡作為「食材」

添加到一般人耳熟能詳的義大利料理之中。

其中也包含了甜點和飲品，所以也能夠自行組合成套餐。

希望大家務必實際體驗一下義式濃縮咖啡料理的魅力。

<示意圖說明> …咖啡豆 …現磨咖啡豆顆粒 …細研磨咖啡粉 …咖啡液 …咖啡渣

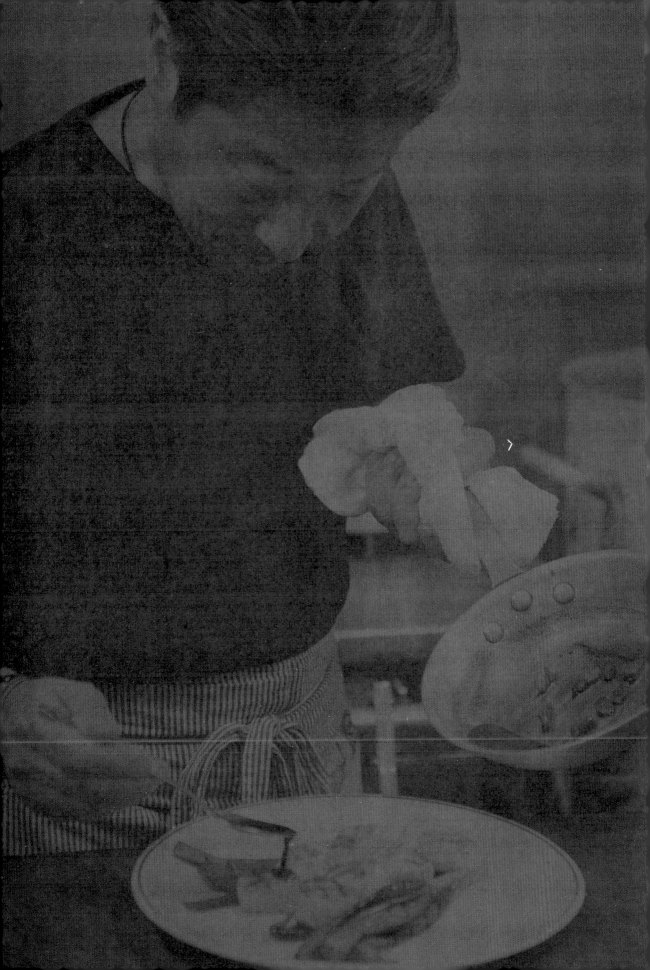

義式開胃菜 ～前菜～

酥炸披薩餅皮

Angelotti

將以熱油炸過的一口大小披薩餅皮,和番茄、羅勒一起用冷製淋醬拌勻,就完成一道可以隨手享用的前菜。完成之後撒上的是以義式濃縮咖啡粉和鹽巴混合而成的「義式濃縮咖啡鹽」。重點在於要在用到的時候再做混合,以避免香氣流失。番茄的甜味,還有義式濃縮咖啡鹽的苦味與鹽味之間取得絕佳平衡!

>>>Ricctta P.145

義式濃縮咖啡風味　煙燻培根

Pancetta affumicata al gusto di caffè

義式濃縮咖啡也能用來煙燻食材。只要用煙燻材料和咖啡豆來進行煙燻，就能令煙燻味道之中飄散幾縷咖啡香氣，製作出味道略有不同的煙燻製品。附在一旁的芥末籽醬也藏有驚喜。將義式濃縮咖啡粉作為提味用調味，混入其中，享受芥末籽醬的酸味與義式濃縮咖啡的苦味之間的味覺對比。

>>>Ricetta P.146

義式濃縮咖啡風味之馬斯卡彭起司
生火腿捲　內包糖漬栗子

Involtini al prosciutto e mascarpone con caffè e marroni canditi

因「提拉米蘇」而聯想到，將馬斯卡彭起司與義式濃縮咖啡組合在一起，製作成略帶俏皮的前菜。捲包於生火腿捲中，有著咖啡奶油般風味的馬斯卡彭起司會在口中融化開來，讓人不禁為之綻放出笑容。而藏在馬斯卡彭起司之中的糖漬栗子（Marron Glacé）甜味，能夠將生火腿和義式濃縮咖啡很好地串聯在一起。

>>>Ricctta P.147

義式濃縮咖啡巧巴達麵包之
普切塔開胃前菜

Bruschetta di Ciabatta al caffè con pomodoro

黑褐色麵包的真實身分是，將乾燥後的義式濃縮咖啡渣揉入麵團所製作而成的
「義式濃縮咖啡巧巴達」。這樣做出來的麵包嚐起來帶有淡淡的苦味，不論搭配
何種食材都能夠使其更顯美味。能夠讓食材看上去更顯色香味俱全、讓餐桌更顯
豐盛的這幾點亦是無庸置疑。不妨在麵包上面擺上喜愛的食材，創造出更加多元
的可能性吧！

>>>Ricctta P.148

義式濃縮咖啡白醬
焗烤馬鈴薯

Patate gratinate al gusto di caffè

只要喝杯卡布奇諾就能夠瞭解，乳製品×咖啡的確是所有人都公認的最佳組合。製作時，會在白醬中加入略多的義式濃縮咖啡液混合，再進行焗烤。為了要突顯出義式濃縮咖啡的香氣與風味，僅簡單地使用馬鈴薯這項食材。咖啡風味的焗烤帶有相當別具一格的美味。這道料理的白醬也相當適合佐搭千層麵。

>>>Ricetta P.149

義式白肉魚生魚片
佐優格&義式濃縮咖啡淋醬

Carpaccio di pesce bianco con salsa yogurt e caffè

受到香草風味優格與義式濃縮咖啡調製而成的原創飲品「Arcobaleno」的啟發，構思出了用於這道義式生魚片的淋醬。優格和義式濃縮咖啡出乎意料之外地合拍。香草的甜香也非常地對味。要將義式濃縮咖啡加進優格裡面的時候，若一口氣全倒進去會很容易產生分離的狀況，也會使苦味增加，請一邊攪拌一邊少量添加。

>>>Ricctta P.150

鮮蝦毛豆
佐義式濃縮咖啡考克醬

Cocktail di gamberetti e fagioli di soia verdi al caffè

在以番茄醬和美乃滋為基底的經典「番茄美乃滋醬（オーロラソース）」中，加入義式濃縮咖啡做出變化。也添加了巴薩米克醋，調製出具有義大利風格的考克醬。恰到好處的酸味能夠壓下義式濃縮咖啡的苦味，而義式濃縮咖啡的香氣則是能夠發揮減緩海鮮腥味的作用。

>>>Ricctta P.151

義式濃縮咖啡
醃漬帕瑪森起司

Marinato al caffè di parmigiano reggiano

將整塊的帕米吉阿諾・瑞吉阿諾乾酪＊（Parmigiano-Reggiano）浸泡到添加了白
砂糖與巴薩米克醋的義式濃縮咖啡醃漬液之中，花上三天的時間慢慢地進行醃
泡。僅僅只是如此，就能夠製作出最適合拿來搭配紅葡萄酒享用的一道下酒菜。
隱隱約約之間所感受到的義式濃縮咖啡風味，能夠為起司增添不少芳醇滋味。泡
完起司的義式濃縮咖啡醃漬液請勿丟棄，不妨拿來活用於肉類料理之中。

＊帕米吉阿諾・瑞吉阿諾乾酪為帕瑪森的正式稱呼。

>>>Ricetta P.152

義式濃縮咖啡香氣四溢
栗香可麗餅！

Necci al caffè

參考以栗子粉製作而成的義大利北部傳統甜點「栗香可麗餅（Necci）」進行改良的一道料理。將添加了栗子粉的麵糊煎烙成香酥的可麗餅皮，再捲包進混合了義式濃縮咖啡液的瑞可塔起司（Ricotta）、生火腿、現磨咖啡豆顆粒。研磨咖啡的口感，能夠起到畫龍點睛的作用。可麗餅的麵糊請放到冷藏室靜置一晚再行煎烙。這麼做可以讓栗子的風味更為突出，大大提升美味程度。>>>Ricctta P.153

義式濃縮咖啡風味
馬鈴薯起司煎餅

Frico con patate al caffè

用馬鈴薯跟起司製作而成的「起司煎餅（Frico）」，是義大利北部相傳的鄉土料理。試著在其中混入義式濃縮咖啡液，並在煎好以後撒上現磨咖啡豆顆粒，用咖啡的風味和香氣營造出另一種旨趣。起司選用的是常用於起司鍋的芳提娜起司（Fontina）。其獨特的香醇風味和甘甜滋味，與馬鈴薯、義式濃縮咖啡相當契合，能夠取得相當好的平衡。

>>>Ricetta P.154

義大利麵捲式
陽光風情　櫛瓜捲米沙拉

Cannelloni di zucchine e riso allo stile "Del sole"

用櫛瓜取代卡乃隆義大利麵捲（Cannelloni），製作成義大利麵捲式料理的一道菜。捲包於其中的檸檬風味米沙拉，混進了作為提香用的義式濃縮咖啡粉。淋在一旁的美乃滋裡面也混合了義式濃縮咖啡液。也能如下方照片這樣，在米沙拉上面撒上現刨的洛迪吉阿諾起司（Lodigiano；音譯）、現磨咖啡豆顆粒進行擺盤，以便快速供餐。

>>>Ricetta P.155

\加以變化/

洛迪吉阿諾起司 佐義式濃縮咖啡香

Formaggio lodigiano al caffè

將乳香味十足的洛迪吉阿諾起司刨得薄如蟬翼，再撒上義式濃縮咖啡粉，輕輕鬆鬆就完成了一道搭配紅葡萄酒一起享用的下酒菜。同時還撒上了白砂糖增加甜味，藉此讓義式濃縮咖啡風味更顯突出。

>>>Ricetta P.156

義式濃縮咖啡風味　煙燻堅果

Noci affumicate al sapore di caffè

將最適合作為解饞小品的綜合堅果以義式濃縮咖啡豆進行煙燻，藉以增添香氣。
咬碎的瞬間，咖啡的香氣就會在口中蔓延開來。由於能夠快速端上餐桌供應，只
要預先備妥就能便於運用。

>>>Ricetta P.156

Insalata

義式沙拉 ~沙拉~

義式濃縮咖啡 佐核桃沙拉

Insalata di noci e caffè

在簡單的嫩葉蔬菜沙拉中，混入核桃與碾碎的義式濃縮咖啡豆，增添幾許核桃果實所沒有的硬脆口感。咀嚼到粗略壓碎的碎咖啡豆時，那頃刻間於口中擴散開來的咖啡香氣令人感到樂不可言，遂而成為「ANCORA」的人氣菜單之一。其中最為重要的就是，要使用經過適當烘焙且新鮮度良好的義式濃縮咖啡豆。

>>>Ricetta P.157

米沙拉

Insalata di riso al caffè

「Rice Salad」是一道在義大利相當耳熟能詳的料理。試著在單純的調味之中，加入義式濃縮咖啡的現磨咖啡豆顆粒以增香氣與口感、添加萃取出來的咖啡液以添風味，營造出層次豐富的義式濃縮咖啡香韻。格拉娜・帕達諾起司（Grana Padano）則是起到了將米與義式濃縮咖啡調和在一起的作用。配料豐富且嚐起來相當清爽，也很推薦拿來作為夏季裡的午餐菜單供應。

>>>Ricetta P.158

義式濃縮咖啡醃漬蛋
香烤夏季時令蔬菜
佐義式濃縮咖啡美乃滋

Verdura grigliata con uovo marinato al caffè con maionese al caffè

將經常用來與麵食等料理做搭配的滷蛋，以義式濃縮咖啡進行醃製，再點綴於烤蔬菜的上面。雞蛋並非是以義式濃縮咖啡下去熬煮，而是事先浸泡於其中，製作方法相當地簡單。散發淡淡咖啡香氣的醃漬蛋，應該能為享用這道菜的人帶來不小的驚喜。帶有恰到好處的苦味的義式濃縮咖啡美乃滋，還能帶出烤蔬菜的鮮甜滋味。

>>>Ricetta P.159

義式濃縮咖啡麵包沙拉
（托斯卡尼麵包丁沙拉）

Panzanella con insalata di pane al caffè

「托斯卡尼麵包丁沙拉（Panzanella）」是一道為了讓質地較硬的麵包嚐起來更為美味才想出來的，托斯卡尼的經典沙拉。所使用的是與「義式濃縮咖啡巧巴達麵包之普切塔開胃前菜」相同的麵包，為蔬菜與鰻魚進行簡單調味，再將義式濃縮咖啡醃漬蛋點綴在最上面。只要最後再撒上現磨的義式濃縮咖啡豆顆粒，就能完成這道香氣迷人的沙拉。

>>>Ricetta P.160

⬤

熱沾醬沙拉

Bagna càuda al caffè

只要在熱沾醬沙拉的沾醬汁中加進義式濃縮咖啡液，就能發揮提味的作用，大幅提升美味程度。由於鯷魚的鹽味能很好地調和咖啡的苦味，所以義式濃縮咖啡液加多一點也無妨。不過，為了不要讓咖啡的香氣流失，請不要忘了要在最後完成前再添加進去。這道菜也很推薦拿來作為咖啡簡餐店的小品餐點。

>>>Ricetta P.161

第一道主菜 ～第一道料理 義大利麵·義大利燉飯·披薩～

咖啡師手作風格
義式濃縮咖啡奶油培根義大利麵

Spaghetti alla carbonara di caffè alla barista

加進了剛萃取出來的義式濃縮咖啡液後，略呈咖啡色的奶油培根義大利麵。義式濃縮咖啡飄散開來的咖啡香氣、恰到好處苦味也使其帶有餘韻。由於咖啡香氣是這道料理的重要核心，添加義式濃縮咖啡液之後不久煮至收汁，必須要以加熱烹調的感覺儘快完成烹煮步驟。雞蛋的濃醇與鮮甜風味，跟咖啡的味道香當對味。應該也很適合有咖啡師的咖啡簡餐店。

>>>Ricetta P.162

白色日光風情
白醬奶油培根義大利麵

Spaghetti alla carbonara in bianco allo stile "Del sole"

看上去是尋常的奶油培根義大利麵，但其實是道相當不可思議的料理，只要一放入口中就能品嚐到咖啡的香氣。咖啡香從何而來？答案就是將義式濃縮咖啡豆放到液狀鮮奶油裡面，從白天浸泡到晚上，使其充分吸收咖啡香氣。這樣的烹調手法，可以製作出比前一頁所介紹的奶油培根義大利麵還要輕盈一點的風味。將兩道義大利麵擺在一起，用兩者之間的黑白對比來增添樂趣或許也很不錯。

>>>Ricetta P.163

咖啡師手作風格
起司胡椒義大利麵

Spaghetti cacio e pepe al caffè del barista

義大利語中的「Cacio」指的是起司,「Pepe」則是胡椒之意。是一道用這些食材就能烹煮出來的相當簡單的義大利麵。雖然調味料的基底是奶油,但如果只使用奶油味道會太過濃郁,所以添加了橄欖油來補足油分,待倒入義式濃縮咖啡之後,再用小火慢慢地進行乳化。起司使用的是味道濃醇滑順的格拉娜‧帕達諾起司,即便在義大利麵上面鋪上帶有鹹味的生火腿,也能在味道上面取得平衡。最後再撒上用手搖磨豆機現磨出來的義式濃縮咖啡豆顆粒,增添十足香氣吧!

>>>Ricetta P.164

義式濃縮咖啡天使冷麵

Capellini al caffè

使用極細的「天使麵（Capellini）」所製作而成的義大利冷麵。將略多一點的橄欖油、巴薩米克醋、燙過熱水去皮番茄，隔著冰水確實攪拌使其乳化，再加進義式濃縮咖啡液，製作出帶著咖啡色澤的醬汁。巴薩米克醋與番茄的酸味能夠中和義式濃縮咖啡的苦味，揉合出風味相當協調的味道。是一道在食慾不振的盛夏時期也相當推薦的一道料理。

>>>Ricetta P.165

義式濃縮咖啡
奶油白醬特飛麵

Trofie con crema di caffè bianco

所謂的「特飛麵（Trofie）」是一種模仿獎盃外觀製作而成的生義大利麵。用手掌揉搓麵條成形的過程也是其中一種樂趣。在這個麵團之中揉入了義式濃縮咖啡的咖啡渣，增添了幾許淡淡的咖啡香。由於咖啡跟奶油醬系列的醬汁相當合拍，所以試著使用浸漬過咖啡豆的牛奶來製作醬汁。看上去是白色醬汁卻帶著咖啡香氣，這樣的對比也相當有趣。

>>>Ricetta P.166

白酒花蛤黑色義大利麵

Bigoli alle vongole nere

使用的是，以杜蘭小麥（Durum wheat）磨成的粗粒小麥粉（Semolina）與義式濃縮咖啡的咖啡渣製作而成的，黑色（義大利語為「Nere」）手打義大利麵。小麥粉的鮮甜滋味與義式濃縮咖啡的香味令人備覺享受，富有嚼勁而Q彈的口感也充滿了魅力。由於是一道重在品嚐「麵」的料理，所以特別調理為簡單的白酒花蛤義大利麵料理。特別推薦於花蛤盛產的春季到初夏季節推出這道料理。

>>>Ricetta P.167

義式濃縮咖啡
義大利細切麵
（唇瓣烏賊與花蛤醬汁）

Tagliolini al caffè in salsa di seppie e vongole

將義式濃縮咖啡的咖啡渣乾燥之後，揉進手打義大利麵之一的「細切麵（Tagliolini）」之中，藉以增添香氣。緊接著，還在使用了海鮮的醬汁裡面，加進了萃取出來的義式濃縮咖啡液，最後再撒上現磨咖啡豆顆粒，用三種不同的層次來強調咖啡的別樣風味。考量到義大利麵之間的廣泛搭配性，選擇佐搭濃縮了海鮮的鮮甜美味這種口味比較重的醬汁。

>>>Ricetta P.168

義式濃縮咖啡香
四種起司筆管麵

Penne ai quattro formaggi al profumo di caffè

使用了包含古岡左拉起司與馬斯卡彭起司在內的4種起司，是一款奶油醬系列的義大利麵。也是一道令喜愛起司的人難以抗拒，具有濃醇起司風味且頗有分量的料理。在醬汁的最後步驟中加入義式濃縮咖啡液，並在烹調完成時撒上現磨義式濃縮咖啡豆顆粒。添加咖啡的苦味與香氣後，即使起司味道相當濃郁也不會讓人覺得吃起來很膩，讓整體風味取得良好的平衡。

>>>Ricetta P.169

義式濃縮咖啡千層麵

Lasagna al caffè

用麵皮狀的義大利麵，與波隆那肉醬、白醬一起層層疊加起來的千層麵，是一道備受各年齡層喜愛的高人氣料理。於白醬裡面添加義式濃縮咖啡液，可以在濃醇滑順之中增添幾縷苦味，並帶上幾抹咖啡香氣，味道的協調性絕佳！由於可以一齊預先備料製作再放入烤箱烤好，作為派對菜單應該也很好做運用。

>>>Ricetta P.170

義式濃縮咖啡風味牛絞肉餡
義大利餛飩

Tortelli di manzo al caffè

所謂的「義大利餛飩（Tortelli）」是一種包了內餡的義大利麵。根據內餡的不同與製作醬汁所下的工夫，其變化也包羅萬象。這裡所介紹的這道料理，試著以揉入義式濃縮咖啡渣製成的麵皮，包入牛絞肉餡，再淋上添加了義式濃縮咖啡液的醬汁。重點在於加熱時要將溫度控制在可以融化奶油的熱度，以避免過於突顯咖啡的苦味。

>>>Ricctta P.171

卡乃隆義大利麵捲

Cannelloni al caffè

「卡乃隆義大利麵捲（Cannelloni）」是一種圓筒狀的義大利麵，烹調方式是將餡料塞入其中，再放到烤箱之中烘烤。在這裡，我試著改以可麗餅的餅皮來取代義大利麵捲。用雞絞肉與調味蔬菜做成餡料，再用可麗餅的餅皮捲包起來，淋上混合了義式濃縮咖啡液的白醬，撒上帕馬森起司入烤箱烘烤。分量比一般義大利麵更為輕盈，可麗餅的餅皮跟咖啡風味的白醬也相當對味。

>>>Ricetta P.172

羅馬風情 火腿玉棋

Gnocchi alla romana al caffè

使用杜蘭小麥磨成的粗粒小麥粉製成麵團，再以壓模壓出形狀後，放入烤箱進行
烘烤，正是充滿了羅馬風情的「玉棋（Gnocchi）」製作方法。其表面香酥而內
層Q彈的口感充滿了十足的魅力。接著淋上在「沙巴翁（Zabajone）」裡面加進
義式濃縮咖啡液再打發的醬汁。這種醬汁會讓人不由自主地聯想到卡布其諾咖啡
上的奶泡，而其綿密滑順的入口感受也能更加突顯玉棋的口感。　　>>>Ricetta P.173

義式濃縮咖啡燉飯
佐洛迪吉阿諾起司

Risotto al caffè con formaggio lodigiano

這是一道試著在以起司為主體的單調燉飯之中，加進義式濃縮咖啡做出變化的料理。重點在於添加義式濃縮咖啡液的時機掌控。若是加得太早，會突顯出咖啡的苦味，咖啡的香氣也會散去。訣竅在於要在燉飯水分蒸散掉的階段添加，並且在添加咖啡液之後快速完成起鍋。只要事先用蔬菜肉汁清湯（Bouillon）炊煮米飯並備妥一定的分量，就能夠快速地烹調完成這道料理。

>>>Ricetta P.174

咖啡師手作風格
奶油培根披薩

Pizza carbonara del barista

這是一道可以說是披薩版的「義式濃縮咖啡奶油培根」料理。在披薩餅皮上面撒上培根、莫札瑞拉起司等配料，再淋上添加了義式濃縮咖啡液的雞蛋液，放入高溫烤窯，將餅皮烤到酥脆。撒上以手搖磨豆機現磨的義式濃縮咖啡豆顆粒，讓香氣四溢的披薩伴隨著咖啡香一起提供。附上咖啡一同供應給顧客享用應該也很不錯。

>>>Ricetta P.175

義式濃縮咖啡披薩
「美好生活」

Pizza al caffè "Dolce vita"

能夠作為一道甜品享用的甜口味披薩。用刷子在披薩餅皮上面塗上義式濃縮咖啡
液，再撒上糖粉，送入高溫烤窯之中將表面烤乾，重複這幾個步驟慢慢燒烤上
色。在烤到焦糖化的香脆餅皮上面，擺上馬斯卡彭起司，撒上現磨義式濃縮咖啡
豆顆粒。微苦的焦糖與義式濃縮咖啡，搭配上帶有甜味的濃稠綿密馬斯卡彭起
司。好吃到會令人上癮！

>>>Ricetta P.176

第二道主菜 ～第一道料理 主菜～

煎烤干貝
佐義式濃縮咖啡醬汁

Capesante alla griglia con salsa al caffè

使用新鮮的干貝放到烤架上面進行煎烤。將干貝的外套膜放入巴薩米克醋與義式濃縮咖啡液之中熬煮成醬汁，再把含有干貝精華的醬汁淋到干貝上面。義式濃縮咖啡的苦味，具有帶出干貝鮮甜滋味的作用。可以說是一道能夠讓人實際感受到義式濃縮咖啡果真是萬能調味料的料理，不論是搭配肉類還是海鮮都相當地對味。

>>>Ricetta P.177

烤挪威海螯蝦
佐羅勒義式濃縮咖啡醬汁

Scampi alla griglia con pesto alla genovese con aroma di caffè

這種在義大利被稱為「Scampi」的挪威海螯蝦，特色在於風味濃醇且肉質較為鮮甜。用燒烤的方式，妥善利用這種蝦子原本的樣子，烹調成十分具有生動感的感覺。並且在與蝦子相當對味的青醬之中，混入美乃滋與義式濃縮咖啡液，淋在蝦子上面，利用醬汁中的些微苦味，就能更加突顯蝦子本身的鮮甜滋味。這款醬汁和螃蟹或白肉魚也都相當合拍。

>>>Ricetta P.178

煎烤鮮魚
佐義式濃縮咖啡鹽

Pesce alla griglia con sale al caffè

只要使用新鮮的魚肉，僅僅只是撒上鹽巴和胡椒下去煎烤，就能夠烹調得相當美味。由於淋上味道濃郁的醬汁，會損及鮮魚本身的美味，所以試著搭配義式濃縮咖啡鹽一同供應。這款味道稍有不同的「香料鹽」，能夠讓主菜的風味整體更上一個層次。而讓義式濃縮咖啡鹽的香氣更為突出的重點就在於，必須在快要上菜前才現磨出來混合鹽巴。

>>>Ricctta P.179

天使風　香煎雞腿排

Pollo alla griglia all'angelo di caffè

這是一道為了與「惡魔（Diavola）風雞腿排」抗衡而想出來的，不會辣的「天使（Angelo）風」料理。撒在最上面的香料乍看像是黑胡椒，其實是現磨義式濃縮咖啡豆顆粒。看似撒了胡椒卻不會辣，而且還有豐潤的咖啡香氣沁入鼻中。香煎雞腿排的訣竅在於，要先煎肉再煎帶皮的一側，並且在香煎的同時壓上重石。這麼做可以蒸散掉帶有異味的水分，即便用的是價格相對低廉的雞肉，也能把肉煎得美味無比。

>>>Ricctta P.180

咖啡師手作風　義式炸豬排

Cotoletta del barista

「義式炸豬排（Cotoletta）」指的就是米蘭風炸肉排。雖然通常都是使用槌打成薄肉片的小牛肉排，但若改用豬里肌肉片就能壓低一些成本。將肉片的邊緣稍微重疊在一起，均勻裹覆上麵衣，再用菜刀的刀背在上面壓上格子狀刀痕，就能讓肉片合併成一大片，製作出量足又美味的炸豬排。混在麵包粉中的義式濃縮咖啡粉能發揮提味作用，為這道炸豬排增添一些特色之處。

>>>Ricetta P.181

香煎豬肉排
佐義式濃縮咖啡巴薩米克醋醬汁

Maiale alla griglia con salsa balsamica e caffè

這是能夠將脂肪含量較多的帶骨L型豬肉排在煎烤後，豪邁地進行擺盤的一道料理。而淋在上面的則是將巴薩米克醋與義式濃縮咖啡液混合熬煮出來的醬汁。醬汁中加進了白砂糖，並且在最後加入奶油，用以增添醬汁的濃度，進而調製出風味香醇而濃郁的味道。由於義式濃縮咖啡液中所蘊含的苦味，能夠降低一些油膩感，所以這道醬汁特別適合佐搭帶有脂肪的肉類料理。

>>>Ricetta P.182

義式濃縮咖啡
照燒雞腿

Pollo Teriyaki al caffè

試著在耳熟能詳的照燒雞腿中添加義式濃縮咖啡液，藉此營造出義大利風味。先熬煮味醂、巴薩米克醋等調味料，待收汁至出現稠度之際，便加入義式濃縮咖啡液。接著再與雞肉一起熬煮，煮至表面呈現出一層促進食慾的醬汁與漂亮光澤即為完成。是一道不使用醬油，而是用義式濃縮咖啡液烹調出能夠享用到「甜中帶苦」滋味的照燒雞腿料理。而雞肉也在巴薩米克醋的作用下變得柔嫩多汁。

>>>Ricctta P.183

義式煎火腿豬肉片

Saltimbocca con salsa al caffè

原本是一道在小牛肉片上面擺上生火腿與鼠尾草，然後香煎而成的羅馬鄉間料理。在這裡則是改用手邊較容易買到的豬肩里肌肉片來進行烹調。接著再在煎完肉的平底鍋中，注入白葡萄酒、義式濃縮咖啡液和奶油調製醬汁。咖啡風味十分突出的這道醬汁與微苦的鼠尾草也相當地對味。濃稠度熬煮至恰到好處的醬汁也能夠均勻沾覆肉片。

>>>Ricetta P.184

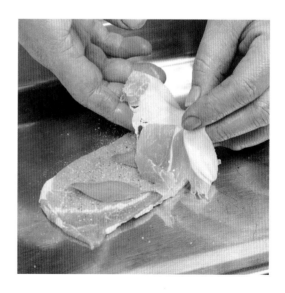

皮埃蒙特風菲力牛肉
佐義式濃縮咖啡蕈菇醬汁

Filetto di bue alla piemontese con salsa al caffè

這是一道能夠搭配含有豐富菇類的義式濃縮咖啡醬汁，品味柔嫩的香煎牛菲力肉的料理。在拌炒過的菇類之中，加入白葡萄酒、巴薩米克醋、義式濃縮咖啡液與奶油等調味料進行熬煮，加入番茄紅醬之後淋在牛肉上面。最後再撒上以手搖式磨豆機現磨的義式濃縮咖啡豆顆粒即可完成。在風味上十分具有深度的醬汁，能夠讓肉類料理的魅力更上一個層次。

>>>Ricctta P.185

烤小羊排
佐義式濃縮咖啡醬汁

Arrosto d'agnello con salsa al caffè

羊肉本身具有一種特殊的風味,通常都會搭配香料植物一同烹調。此處稍微改變了這種成見,試著改用義式濃縮咖啡液來烹煮。善加利用「義式濃縮咖啡醃漬帕瑪森起司」使用到的醃漬液,加入奶油進行乳化再淋到羊小排上面。而醬汁的調製重點則在於,添加適當的鹹味藉以調和義式濃縮咖啡風味。不但能去掉羊肉的特殊氣味,還能夠更添鮮甜滋味!

>>>Ricetta P.186

義大利新鮮香腸
佐義式濃縮咖啡顆粒芥末醬

Salsiccia con senape in grani al caffè

「Salsiccia」是一種將絞肉與香料植物充填到腸衣之中的義大利版香腸。隨餐附上的顆粒芥末醬之中混入了義式濃縮咖啡。調製重點在於混入義式濃縮咖啡粉之後，再一邊少量添加萃取好的咖啡液一邊攪拌成滑順醬汁狀，製作出易於沾附，而且還不可思議地帶有近似酒精風味的醬汁。按照喜好再添加少許美乃滋應該也蠻對味的。

>>>Ricetta P.187

迷迭香風味烤羊肉派
佐烤馬鈴薯

Abbacchio in sfogliata al profumo di rosmarino con arrosto di patate

這一道相當別緻的料理，使用的是在義大利較為罕見，用酥皮包裹起來進行調理的烹調手法。將「皮埃蒙特風菲力牛肉 佐義式濃縮咖啡」使用到的蕈菇醬汁攪打成糊狀，再和羊肉、迷迭香一起，用酥皮捲包起來，於烘烤的同時將香氣與鮮甜美味封鎖在酥皮之中。雖然在製作上較為花費工夫，但正因為如此，味道也才會更為加倍美味。

>>>Ricctta P.188

義大利風　香煎肋排

Costina di maiale marinata al caffè all'italiana

可以豪邁地用手拿著大快朵頤的肋排，相當適合搭配以醬油、蜂蜜與大蒜等調味料所調配出來的濃郁醬汁。製作時，試著在醃漬液中添加與醬油等量的義式濃縮咖啡液，進行改良。在濃醇底韻之中嚐到恰到好處的苦味，就能讓脂肪含量較多的肋排吃起來較為顯得清爽一些。完成時撒上的現磨咖啡豆顆粒，也能夠發揮增添香氣的作用。

>>>Ricctta P.189

陽光風情
南蠻炸雞

Pollo Nanban allo stile "Del sole"

將裹上麵衣酥炸過的炸雞塊浸泡到甜醋中，再淋上塔塔醬的「南蠻炸雞」，改良
成義大利版。在塔塔醬裡面混入義式濃縮咖啡液，用咖啡風味增添醬料的深度。
略呈咖啡色的塔塔醬，能讓人在醬料的濃醇滑順之中品嚐到義式濃縮咖啡的香
味，相當地特別。也很推薦作為休閒取向咖啡廳的供應餐點。

>>>Ricetta P.190

Dolce

甜點 ～甜品～

熱融半凍冰糕

Paciugo

以添加了糖漬酸櫻桃（Amarena Cherries）的半凍冰糕（Semifreddo）為主體的
這道甜點中，為了更添口感上的變化而在上面點綴了蛋白霜與糖漬酸櫻桃餅乾。
「Paciugo」是利古里亞大區的方言，含有「攪拌（混拌在一起）」的意思。而
這道料理正如其名，會在端上餐桌以後，淋上熱騰騰的義式濃縮咖啡，稍做攪拌
之後享用。

>>>Ricetta P.191

白咖啡奶酪

Panna cotta al caffè bianco

這是一道以義大利語中的「白咖啡（Bianco）」來命名的奶酪甜點。由於使用的是浸泡過義式濃縮咖啡豆的液狀鮮奶油，所以一放入口中就能感受到飄散開來的咖啡香氣。最後再撒上義式濃縮咖啡粉，就能讓咖啡香氣倍增！ >>>Ricctta P.192

綜合水果焗烤

Frutta gratinata al caffè

能用焗烤方式來享用的溫熱甜點。在水果上面淋上混入義式濃縮咖啡液的卡士達醬，撒上糖粉之後送入烤箱烘烤。烤到香脆焦糖化的表層，以及入口滑順的咖啡風味奶油醬口感也都相當具有魅力。

>>>Ricetta P.193

阿法奇朵

Affogato

在義式冰淇淋上面淋上熱燙的義式濃縮咖啡享用的正統派義大利甜點。由於能夠享受到冷熱之間的溫度差與甜苦之間的協奏曲，在咖啡廳或小酒館都具有相當高的人氣。點綴上焦糖杏仁果為口感增添幾許亮點。

>>>Ricetta P.194

義式濃縮咖啡巧克力布丁

Bonet di caffè

將義大利經典甜點「Bonet」稍加進行改良。添加了與巧克力風味布丁十分合拍的義式濃縮咖啡液，調製出如摩卡咖啡般的美味。使用咖啡杯作為盛裝容器，藉此加深對義式濃縮咖啡的印象。

>>>Ricetta P.195

義式冰淇淋可樂餅 佐義式濃縮咖啡甜醬

Crocchetta di gelato in salsa al caffè

在義式冰淇淋之中悄悄地加入義式濃縮咖啡凍，能在送入口時於舌尖上增添幾抹滑溜的口感。將外觀塑型成圓筒狀，再沾裹上作為麵衣的烘焙堅果。是一道將義式冰淇淋偽裝成可樂餅，充滿了玩心的甜點。

>>>Ricetta P.196

奶油甜餡煎餅卷 佐義式濃縮咖啡焦糖堅果碎

Cannolo croccante al caffè

「奶油甜餡煎餅卷（Cannolo）」是一種出自西西里地區，在內部填入了瑞可塔
起司基底奶油餡的油炸類甜點。最後在義式濃縮咖啡風味的奶油餡料上面，撒上
摻進義式濃縮咖啡豆的焦糖堅果碎，就完成了這道咖啡香氣四溢的甜品。

>>>Ricctta P.197

法式小泡芙

Profiteroles con crema di caffè

這是一款將「法式小泡芙（Profiteroles）」這種由小泡芙堆疊而成的甜點，稍加改良而成的甜品。擠入添加了義式濃縮咖啡的卡士達醬內餡，淋上義式濃縮咖啡巧克力醬之後再做供應。藉此製作出一種香甜之中帶著微苦的成熟大人氛圍。

>>>Ricetta P.198

提拉米蘇

Tiramisù

一提及使用了義式濃縮咖啡的代表性甜點，想必就會令人聯想到「提拉米蘇」。「提拉米蘇（Tiramisù）」意味著「使我振作起來」，據說是為了讓人能夠打起精神才如此命名的。只要使用經義大利國家咖啡協會（INEI）認可的咖啡豆，就能夠更顯美味。

>>>Ricetta P.199

阿法奇朵・提拉米蘇

Tiramisù affogato

不使用海綿蛋糕，而是以玻璃杯甜品的方式呈現。運用蛋黃、液狀鮮奶油與馬斯卡彭起司製作而成的奶油霜盛放於玻璃杯內，淋上熱騰騰的義式濃縮咖啡享用。和水果組合在一起也相當不錯。

>>>Ricetta P.200

阿法奇朵・蜂蜜

Affogato con miele

「Miele」在義大利語中指的就是「蜂蜜」。正如其名,就是讓義大利冰淇淋沉沒在蜂蜜裡面。盛入義大利冰淇淋之後,接著趁勢淋上入口滑順的蜂蜜,再利用義式濃縮咖啡粉的口感來突顯層次感。

>>>Ricetta P.201

阿法奇朵 · 魔法

Affogato magico

在鮮奶義大利冰淇淋上面擺上焦糖杏仁果與糖漬栗子，覆蓋上一層棉花糖後，即可進行供應。端上餐桌後，淋上熱騰騰的義式濃縮咖啡融化掉棉花糖，焦糖杏仁果與糖漬栗子便隨之顯露出來。這就是魔法！

>>>Ricetta P.201

義式濃縮咖啡口味 義式冰淇淋

Gelato al caffè

是一款用義大利國家咖啡協會（INEI）認可的咖啡豆製作而成，香氣馥郁的義式
冰淇淋。出於希望顧客能夠在餐後來杯義式濃縮咖啡，所以在充分帶出香味的同
時抑制住苦味，製作出溫和香醇的風味。正是一款會令人想喝杯義式濃縮咖啡的
義式冰淇淋。

>>>Ricetta P.202

● ● ●

卡薩塔

Cassata al caffè

將西西里地區的冰涼甜點，以磅蛋糕風格進行改良。在濃郁的奶油霜之中
混入碾碎的義式濃縮咖啡豆顆粒，增添苦味。在外面點綴上綠色杏仁糖膏
（Marzipan）與義式濃縮咖啡果凍，讓外觀變得繽紛奪目。 　　>>>Ricetta P.203

圓頂蛋糕

Zuccotto con croccante al caffè

這款歷史悠久的佛羅倫斯甜點，據說因外觀形似聖職者的圓帽而得其名。是一種圓頂型蛋糕，用海綿蛋糕將含有大量堅果的奶油霜包覆起來。藉由在奶油霜與鏡面果膠之中加入義式濃縮咖啡，更添幾抹新的魅力。

>>>Ricetta P.204

咖啡・含酒精飲品　～義大利式基本款～

卡布奇諾

Cappuccino

能夠享受到義式濃縮咖啡與奶泡組合在一起的基本款咖啡飲品。將盛有義式濃縮咖啡的咖啡杯微微向奶泡壺傾倒，順勢注入奶泡，並且讓奶泡壺低低靠近咖啡杯，以此令注入的奶泡能夠浮到表面。待奶泡浮現到表面之後，將咖啡杯擺正，繼續注入奶泡至剛好盛滿咖啡杯。

>>>Ricetta P.205

瑪奇朵

Caffè macchiato

瑪奇朵在義大利語中的意思是
「斑點」。由於奶泡看起來就像
是斑點附著在義式濃縮咖啡上面
一樣，因而如此命名。使用空氣含
量比「卡布奇諾」還要少的奶泡
進行製作。
>>>Ricetta P.205

拿鐵瑪奇朵

Latte macchiato

這是款顛倒版的「瑪奇朵」，
藉著在奶泡之中注入義式濃
縮咖啡，將咖啡的「斑點」
附著於其上。鮮奶感十足，
白色的奶泡與義式濃縮咖啡
交織而成的美麗分層也深具
魅力。
>>>Ricetta P.206

冰搖咖啡

Caffè shakerato

在義大利一提及冰咖啡,就會想到「冰搖咖啡(Shakerato)」。和白砂糖與鮮奶一起倒入雪克杯中調製而成,可以享受到濃醇綿密的口感與滑順入喉的沁涼感。採取將義式濃縮咖啡急速降溫的方法,將香氣牢牢地留住。　　>>>Ricetta P.206

卡布奇諾 海鹽焦糖

Cappuccino al gusto di caramello salato

這是一款在義式濃縮咖啡裡面加進了焦糖醬與糖漿的改良版卡布奇諾。添加於其中的西西里口曬海鹽成為一大亮點，突顯出了焦糖的香甜。為了表達對製作出優質海鹽的謝意，所以將卡布奇諾的拉花圖樣設計成太陽的模樣。　　>>>Ricetta P.207

幻麗彩虹

Arcobaleno

香草的甜香、優格的微酸、義式濃縮咖啡的微苦，在玻璃杯中完美融合在一起，
是風味均衡的一杯咖啡。濃醇滑順的口感喝起來相當順口。咖啡的拉花圖樣意象
則是源自於「Arcobaleno」（義大利語中的「彩虹」之意）意象。　　>>>Ricetta P.207

清爽碳酸咖啡

Caffè rinfrescante

將鮮奶義式濃縮咖啡與義式濃縮咖啡搖晃混合之後，倒到可樂的上面，彷彿是在飲用漂浮冰淇淋可樂一樣的飲品。碳酸飲料清爽的後韻，醞釀出一種輕盈暢快的感覺。

>>>Ricetta P.208

咖啡
西西里圓舞曲

Caffè siciliano

將西西里特產的血橙與義式濃縮咖啡組合在一起。深紅色的果汁與義式濃縮咖啡之間形成了相當美麗的分層。只要在上面再擠上檸檬汁，就能讓味道喝起來更為清爽順口。

>>>Ricetta P.208

咖啡 榛果協奏曲

Caffè nocciolina

添加了榛果（義大利語為「Nocciolina」）義式冰淇淋與糖漿的義式濃縮咖啡風
味義式冰沙（Granita）。先用巧克力糖漿在玻璃杯上勾勒出圖樣做妝點。在最
上方點綴上焦糖杏仁果，藉以增加堅果的存在感。　　　　　>>>Ricetta P.209

咖啡香苦酒

Bitter

這是一款將馬丁尼苦艾酒、普羅賽柯氣泡酒、金巴利利口酒這三種代表義大利的酒作為主題的原創雞尾酒。在清冽的口感之後會湧上些微的苦味，營造出絕妙平衡。

>>>Ricetta P.209

咖啡脂香醇酒

Crema

在義大利經常作為餐後酒飲用的藥草系苦艾酒「Vecchio Amaro del Capo」之中
添加了義式濃縮咖啡液。是一款藉由奶泡的輕盈口感來使其喝起來更為順口的熱
雞尾酒。

>>>Ricetta P.210

粉漾櫻桃酒

Amarena

這是一款使用到了阿瑪雷托杏仁香甜酒與黑櫻桃的女性取向卡布奇諾風情雞尾酒。在上面注入冷卻下來的奶泡,增添幾許宛如慕斯一般的溫和滑順口感。

>>>Ricetta P.210

奶香義式濃縮咖啡風味卡魯哇牛奶

Latte di Kahlua al caffè

將高人氣的雞尾酒飲品「卡魯哇牛奶(Kahlua Milk)」以卡布奇諾的風格呈現,是款充滿休閒風的調酒。在義式濃縮咖啡裡面混入卡魯哇咖啡香甜酒,最後注入冰鮮奶與奶泡。　　>>>Ricetta P.211

柳香咖啡酒・米蘭

Milano

在金巴利柳橙（Campari Orange）的啟發下，思考出這款能夠同時享用到柳橙與咖啡之間絕配的雞尾酒。金巴利利口酒特有的苦味具有清爽的風味。玻璃杯中也能襯出美麗的分層。

>>>Ricetta P.211

奶香咖啡
柳橙雞尾酒

Arancione

「Arancione」在義大利語之中指的就是柳橙。將義式濃縮咖啡液、鮮奶與柳橙香甜酒以雪克杯搖勻。是一款飄散著果香、具有適度甜味的調酒。 >>>Ricetta P.212

CUCINA ITALIANA
ANCORA（アンコーラ）

由在山口縣內經營義大利餐廳的大久保憲司主廚，於2014年開店。活用其本身在義大利習得的修業經驗，店內料理以使用自製麵條所烹煮出來的義大利麵、自拿波里進口的烤窯所烘烤出來的披薩為主，提供義大利全境的鄉土料理。空間寬敞的店內，除一般座位和吧台座位之外，還備有露天席位，牢牢抓住山口縣內與縣外到訪的熟客群。備有2160日圓（披薩或義大利麵、佛卡夏麵包、沙拉、蛋糕，附飲料）、3240日圓（肉類或魚類料理、義大利風前菜拼盤、佛卡夏麵包、沙拉、蛋糕，附飲料）兩款人氣午間套餐（價格含稅）。時常保持在12款上下的自製蛋糕也獲得相當高的評價，亦有提供外帶服務。也定期舉辦邀請橫山千尋咖啡師一同參與的活動。山口市內還有專供披薩的「PIZZERIA ANCORA（ピッツェリア・アンコーラ）」店鋪。

DATA
■地址／山口県宇部市草江4-7-15　　■TEL／0836-43-9918　　■營業時間／11點～22點
■店休日／週二　　　　　　　　　　　　　　　　　　　※價格與店鋪資訊來自2019年10月當下。

BAR DEL SOLE
（バール・デルソーレ）

於2001年開店。2019年9月當下，已擴展經營至東京・高輪店、赤坂見附店、銀座2Due店、中目黑店；神奈川・武藏小山店；名古屋・名駅店；大阪・STATION CITY店，共7間店。此外，也經營義式冰淇淋店鋪，於橫濱SOGO設有「GELATERIA DEL SOLE（ジェラテリア・デルソーレ）」、於東京・東麻布則設有義式冰淇淋店鋪「AZABU FABBRICA（麻布ファブリカ）」。　▶https://www.delsole.st

將義式濃縮咖啡作為「食材」使用的料理（P.24～143）的材料與作法

酥炸披薩餅皮

Angelotti

<材料（一盤分）>

披薩餅皮麵團★…150g／中筋麵粉…適量／油炸用油…適量

小番茄…15顆／羅勒葉…4片／EXV.橄欖油…50ml／鹽巴、胡椒…各適量

義式濃縮咖啡鹽…3g

※由鹽巴與義式濃縮咖啡（粉）以1：6的比例混合而成

<製作方法>

1 將披薩餅皮麵團擀開成1cm厚，分切成長寬約3cm的方塊，再撒上中筋麵粉。

2 步驟1放進已預熱至180℃的熱油之中，一邊不時翻面一邊將其炸成金黃色。

3 將切成4等分的小番茄、撕碎的羅勒葉、EXV.橄欖油、鹽巴、胡椒都放入調理盆中混合。

4 步驟2放入步驟3裡面混拌後，盛入容器之中，撒上義式濃縮咖啡鹽。

★披薩餅皮麵團

<材料（易於製作的分量）>

水…800ml／鹽巴…25g／中筋麵粉…1kg／乾酵母…2g

<製作方法>

1 把水倒入調理盆中，加入鹽巴攪拌溶解。

2 將1/3的中筋麵粉倒入步驟1之中混拌均勻。

3 接著倒入乾酵母與另外1/3的中筋麵粉，進一步混拌均勻。

4 將剩餘的1/3中筋麵粉也倒進調理盆，確實揉拌至出筋。

5 改放到工作台上，蓋上布巾靜置10分鐘。

6 以1個麵團180g為基準進行分切。

義式濃縮咖啡風味 煙燻培根

Pancetta affumicata al gusto di caffè

<材料（易於製作的分量）>
　厚切培根…300g／煙燻材料（櫻桃木等）…100g／義式濃縮咖啡（豆）…100g
　白砂糖…30g／顆粒芥末醬…20g／義式濃縮咖啡（粉）…1g
　義大利紅菊苣、EXV.橄欖油…各適量

<製作方法>
1　將煙燻材料、義式濃縮咖啡豆、白砂糖放到平底鍋裡面，放上網架，擺上厚切培根。
2　在調理盆裡面鋪上一層鋁箔紙，倒扣在步驟1的平底鍋上面。
3　開大火，待冒煙之後轉為中火，煙燻30分鐘左右。
4　將咖啡粉加進顆粒芥末醬裡面混合均勻。
5　將步驟3切片並盛入容器之中，附上步驟4再淋上橄欖油。

義式濃縮咖啡風味之
馬斯卡彭起司生火腿捲 內包糖漬栗子

Involtini al prosciutto e mascarpone con caffè e marroni canditi

<材料（1人分）>
　馬斯卡彭起司…80g／義式濃縮咖啡（液體）…25ml
　糖漬栗子（Marron Glacé）…2個／生火腿…3片／芝麻菜…適量
　義式濃縮咖啡（現磨咖啡豆顆粒）…適量

<製作方法>
1　將馬斯卡彭起司放入調理盆中，以一邊少量加入義式濃縮咖啡液，一邊混拌的方式，攪拌均勻。
2　將糖漬栗子細細切碎。
3　將步驟1、步驟2按順序擺到攤平的生火腿上面，捲包起來。
4　將步驟3放到容器上面，並在容器中間擺上芝麻菜做點綴，再整體撒上現磨義式濃縮咖啡豆顆粒。

義式濃縮咖啡巧巴達麵包之
普切塔開胃前菜

Bruschetta di Ciabatta al caffè con pomodoro

<材料（1人分）>
　番茄…1顆／羅勒葉…3片／鹽巴、黑胡椒、EXV.橄欖油…各適量
　義式濃縮咖啡巧巴達麵包★…2片／義式濃縮咖啡（粉）…適量

<製作方法>
1　將番茄切成丁狀、羅勒葉切成段狀。
2　將步驟1放到調理盆之中，以鹽巴、黑胡椒、橄欖油進行調味。
3　將步驟2盛放到義式濃縮咖啡巧巴達麵包上面，再擺入容器中，撒上義式濃縮咖啡粉。

★義式濃縮咖啡巧巴達麵包
<材料（易於製作的分量）>
　中筋麵粉…1000g／鹽巴…2g／速發乾酵母…2g
　水…800ml／義式濃縮咖啡（乾燥咖啡渣）…50g／手粉…適量

<製作方法>
1　將中筋麵粉、鹽巴、速發乾酵母，放到調理盆中混合。
2　把水倒進去混拌均勻，接著加進義式濃縮咖啡渣，再次混拌均勻。
3　待麵團成型之後，蓋上保鮮膜，於室溫下進行一次發酵（約1小時）。
4　將麵團摺疊整型後，撒上手粉，於室溫下進行二次發酵（約30分鐘）。
5　分切成適當大小，放入烤箱以250℃烘烤15分鐘。

義式濃縮咖啡白醬
焗烤馬鈴薯

Patate gratinate al gusto di caffè

<材料（2人分）>
　馬鈴薯…2個／白醬…180g／40%液狀鮮奶油…50ml
　義式濃縮咖啡（液體）…50ml／莫札瑞拉起司…30g
　格拉娜‧帕達諾起司…20g／義式濃縮咖啡（現磨咖啡豆顆粒）…適量

<製作方法>

1　將馬鈴薯切成一口大小，鋪到耐熱容器之中。

2　白醬倒入平底鍋中，開小火，加進生奶油稍微降低稠度。

3　將義式濃縮咖啡液加進步驟2裡，一邊攪拌一邊加熱。

4　將步驟3淋到步驟1上面，撒上莫札瑞拉起司和格拉娜‧帕達諾起司。

5　以250℃的烤箱烘烤10分鐘。

6　盛到容器之中，撒上現磨義式濃縮咖啡豆顆粒。

義式白肉魚生魚片
佐優格&義式濃縮咖啡淋醬

Carpaccio di pesce bianco con salsa yogurt e caffè

<材料（1人分）>
　白肉魚（鯛魚、比目魚、七星鱸等）…80g
　香草風味優格…80g／香草糖漿…10g／義式濃縮咖啡（液體）…25ml
　蔬菜（小番茄、義大利紅菊苣、蝦夷蔥、細葉香芹）…各適量
　EXV.橄欖油…適量

<製作方法>
1　白肉魚斜切成薄片，鋪滿整個盤子。
2　將香草風味優格與香草糖漿倒入調理盆中混合，接著再將義式濃縮咖啡液分數次加入其中，每次都
　　需攪拌均勻。
3　將步驟2淋到步驟1上面，撒上切細段的蔬菜，淋上橄欖油。

鮮蝦毛豆
佐義式濃縮咖啡考克醬

Cocktail di gamberetti e fagioli di soia verdi al caffè

<材料（2人分）>
　蝦子…10隻／帶莢毛豆…60g／鹽巴…適量／美乃滋…60g
　番茄醬…20g／巴薩米克醋…10ml／義式濃縮咖啡（液體）…25ml／薄荷…適量

<製作方法>
1　蝦子與帶莢毛豆先分別以鹽水進行汆燙，燙過之後，蝦子去殼取尾、帶莢毛豆去掉豆莢。
2　美乃滋、番茄醬、巴薩米克醋倒入調理盆中混合，接著倒入義式濃縮咖啡液再次進行混合。
3　將步驟1盛放到鋪了冰塊的容器中，淋上步驟2，裝飾上薄荷葉。

義式濃縮咖啡
醃漬帕瑪森起司

Marinato al caffè di parmigiano reggiano

<材料（易於製作的分量）>
帕瑪森起司（整塊）…200g／義式濃縮咖啡（液體）…150ml
白砂糖…25g／巴薩米克醋…80ml／芝麻菜…適量／義式濃縮咖啡（粉）…適量

<製作方法>
1　先將帕瑪森起司分切成適當大小。
2　將義式濃縮咖啡液、白砂糖、巴薩米克醋混合，調製成醃漬液。
3　步驟1放入調理盆中，接著倒入步驟2，稍微放涼之後，放進冷藏室醃泡三天。
4　將步驟3的帕瑪森起司取出，切成薄片狀並盛放到容器之中，添上芝麻菜，再撒上義式濃縮咖啡粉。

義式濃縮咖啡香氣四溢
栗香可麗餅！

Necci al caffè

<材料（2人分）>
　瑞可塔起司…60g／義式濃縮咖啡（液體）…10ml／栗香可麗餅★…2片
　生火腿…2片／義式濃縮咖啡（現磨咖啡豆顆粒）…適量／百里香…2枝

<製作方法>
1　將義式濃縮咖啡液倒到瑞可塔起司上面，混合均勻。
2　按照生火腿、步驟1的順序，擺放到栗香可麗餅上面，撒上現磨義式濃縮咖啡豆顆粒之後，捲包起來。
3　將步驟2對半分切，盛放到容器上面。撒上現磨義式濃縮咖啡豆顆粒，擺上百里香做點綴。

★栗香可麗餅
<材料（易於製作的分量）>
　A［栗子粉…50g／水…60ml／橄欖油…20ml］
　油…適量

<製作方法>
1　將材料A混合均勻，放到冷藏室中靜置一晚。
2　平底鍋熱鍋之後，薄薄塗上一層橄欖油，舀入步驟1攤平於鍋中，雙面煎熟。

義式濃縮咖啡風味
馬鈴薯起司煎餅

Frico con patate al caffè

<材料（1盤分）＞
    馬鈴薯…2個／洋蔥…1/2個／橄欖油…適量／芳提娜起司…50g
    帕瑪森起司…30g／義式濃縮咖啡（液體）…25ml／奶油（無鹽）…10g
    義式濃縮咖啡（現磨咖啡豆顆粒）…適量／迷迭香…2枝

<製作方法＞
1　馬鈴薯切成一口大小，洋蔥切成絲。
2　將橄欖油倒入熱好鍋的平底鍋中，放入步驟1拌炒。
3　將步驟2移到調理盆中，加進切成小塊的芳提娜起司、帕瑪森起司和義式濃縮咖啡液，用餘熱讓起
　　司融化的同時，仔細地混拌均勻。
4　以平底鍋融化奶油之後，將步驟3倒入鍋中，將其煎至表面呈金黃色。
5　盛放到容器之中，撒上現磨義式濃縮咖啡豆顆粒，擺上迷迭香做點綴。

義大利麵捲式
陽光風情 櫛瓜捲米沙拉

Cannelloni di zucchine e riso allo stile "Del sole"

<材料（2人分）>

櫛瓜…1根　白飯…50g

A［金槍魚…25g／火腿…20g／洋蔥（切末）…1/4個／四季豆（汆燙後切成末）…2條
　　胡蘿蔔（汆燙後切成末）…1/4根／莫札瑞拉起司（切末）…50g
　　黑橄欖（切成片）…5個分／續隨子（Caper）…10g］

B［白酒醋…10ml／EXV.橄欖油…50ml
　　檸檬皮（磨成末）…1/4個／義式濃縮咖啡（粉）…1g／鹽巴、胡椒…各適量］

美乃滋…50g／義式濃縮咖啡（液體）…25ml

代用魚子醬（Imitation caviar*）、細葉香芹、檸檬切片…各適量

EXV.橄欖油（最後完成前用）…適量

＊正統魚子醬是以鱘魚的魚卵製作而成，然因鱘魚數量漸少，故而使用其他魚類製成代用魚子醬。

<製作方法>

1　將櫛瓜縱向削成薄片，稍微過一下熱水就放入冰水中冰鎮後，瀝去水分。

2　白飯用水稍稍洗過，放到調理盆之中，再將材料A和材料B也放到調理盆中，仔細混合均勻。

3　將義式濃縮咖啡液加到美乃滋裡面混合均勻。

4　取4片步驟1，微微交疊地平鋪在保鮮膜上面，擺上步驟2之後，捲包起來。

5　除去步驟4的保鮮膜後，盛放到容器上面，淋上步驟3與橄欖油，擺上魚子醬、細葉香芹、檸檬切
　　片做裝飾。

洛迪吉阿諾起司佐義式濃縮咖啡香

Formaggio lodigiano al caffè

<材料（1人分）>
　洛迪吉阿諾起司…30g／白砂糖…4g／義式濃縮咖啡（粉）…2g

<製作方法>
1　將洛迪吉阿諾起司刨削成薄片，放到調理盆中。
2　在起司上面撒滿白砂糖與義式濃縮咖啡粉，盛放到容器裡面。

義式濃縮咖啡風味　煙燻堅果

Noci affumicate al sapore di caffè

<材料（易於製作的分量）>
　綜合堅果…180g／煙燻材料…50g／義式濃縮咖啡（豆）…25g

<製作方法>
1　將煙燻材料與義式濃縮咖啡豆放到平底鍋中，架上網架，墊上鋁箔紙後，再將綜合堅果平鋪在鋁箔紙上面。
2　在調理盆裡面鋪上一層鋁箔紙，當作鍋蓋倒扣在步驟1的平底鍋上面。
3　開大火，待冒煙之後轉為中火，悶個30分鐘左右進行煙燻。

義式濃縮咖啡佐核桃沙拉

Insalata di noci e caffè

<材料（1人分）>
　萵苣…1/5個／紅葉萵苣…1/6個／番茄…1/2顆／日本蕪菁（水菜）…1/4株
　義式濃縮咖啡（豆）…7顆／核桃…20g
　A［白酒醋…10ml／EXV.橄欖油…30ml／鹽巴、黑胡椒…各適量］
　格拉娜・帕達諾起司…10g／洛迪吉阿諾起司…80g／義式濃縮咖啡（現磨咖啡豆顆粒）…適量

<製作方法>
1　將萵苣與紅葉萵苣撕成一口大小，番茄切成一口大小，日本蕪菁切成4cm長。
2　義式濃縮咖啡豆用木鏟壓敲的方式壓碎，胡桃用菜刀切碎。
3　材料A混合在一起，調製成淋醬。
4　步驟1放入調理盆之中，將步驟3倒進去混拌均勻，接著再將步驟2倒進調理盆中混拌。
5　將步驟4盛放到容器之中，撒上格拉娜・帕達諾起司，再擺上刨削下來的洛迪吉阿諾起司，撒上現磨義式濃縮咖啡豆顆粒。

米沙拉

Insalata di riso al caffè

<材料（1人分）>
　白飯…100g
　A ［火腿片…50g／胡蘿蔔（汆燙過）…1/4根／莫札瑞拉起司…1/2個
　　　洋蔥…1/4個／四季豆（汆燙過）…3條／紅色甜椒…1/4個
　　　黑橄欖…5個／羅勒葉…3大片／續隨子…30g］
　金槍魚罐頭…1小罐
　B ［白酒醋…15ml／EXV.橄欖油…50ml／鹽巴、胡椒…各適量］
　義式濃縮咖啡（現磨咖啡豆顆粒）…適量／義式濃縮咖啡（液體）…25ml
　菊苣…適量／格拉娜・帕達諾起司…10g

<製作方法>
1　白飯放到網篩之中用水沖洗，瀝去水分。
2　材料A分別切成丁。
3　將步驟1、步驟2、金槍魚放入調理盆之中，以材料B進行調味。撒上現磨義式濃縮咖啡豆顆粒混
　　拌，最後再倒入義式濃縮咖啡液，整體混合均勻。
4　將步驟3盛放到預先鋪上菊苣的容器裡面，撒上格拉娜・帕達諾起司。

義式濃縮咖啡醃漬蛋
香烤夏季時令蔬菜
佐義式濃縮咖啡美乃滋

Verdura grigliata con uovo marinato al caffè con maionese al caffè

<材料（1人分）>
　A［紅色甜椒…1/2個／黃色甜椒…1/2個／洋蔥…1/4個／茄子…1/2根
　　　櫛瓜…1/2根／綠蘆筍…2根］
　　鹽巴…適量／義式濃縮咖啡（液體）…適量／水煮蛋…1個
　B［義式濃縮咖啡（液體）…25ml／美乃滋…100g]

<製作方法>
1　材料A的蔬菜各切成容易食用的大小，放到燒烤盤上面進行烘烤。
2　將適量的義式濃縮咖啡液倒入調理盆中，放進水煮蛋醃漬1個小時以上。
3　材料B混合均勻，調製成義式濃縮咖啡美乃滋，裝進佐料瓶中。
4　將步驟1與切片後的步驟2盛放到容器裡面，整體淋上步驟3。

義式濃縮咖啡麵包沙拉
（托斯卡尼麵包丁沙拉）

Panzanella con insalata di pane al caffè

<材料（1人分）>
　A［番茄…1顆／小黃瓜…1/2根／西洋芹…1/2根／紅洋蔥…1/2個
　　　黑橄欖…5個／義式濃縮咖啡巧巴達（※1）…4切片］
　B［白酒醋…20ml／鯷魚柳（切碎）…2片
　　　鹽巴、黑胡椒…各適量／EXV.橄欖油…60ml］
　義式濃縮咖啡醃漬蛋（※2）…1個
　義式濃縮咖啡（現磨咖啡豆顆粒）…適量

<製作方法>
1　材料A分別切成容易食用的大小。
2　將步驟1放入調理盆之中，以材料B進行調味。
3　將步驟2盛入容器裡面，隨意擺上切碎的義式濃縮咖啡醃漬蛋，撒上現磨義式濃縮咖啡豆顆粒。

（※1）作法請參照148頁「義式濃縮咖啡巧巴達麵包之普切塔開胃前菜」。
（※2）作法請參照159頁「義式濃縮咖啡醃漬蛋 香烤夏季時令蔬菜 佐義式濃縮咖啡美乃滋」。

熱沾醬沙拉

Bagna càuda al caffè

<材料（1人分）>

  大蒜…100g／牛奶…適量／水…適量／鯷魚柳…100g

  EXV.橄欖油…100ml／義式濃縮咖啡（液體）…50ml

  喜歡的蔬菜（紅色・黃色甜椒、西洋芹、青花菜、白花椰菜、櫛瓜、菊苣、馬鈴薯等）…各適量

<製作方法>

1 大蒜放入鍋中，倒入等量的牛奶與水至剛好可以蓋過大蒜，燙煮好大蒜之後再瀝去水分，如此反覆
    進行三次。

2 用攪拌機將步驟1的大蒜與鯷魚攪拌成糊狀。

3 在鍋中倒入橄欖油與步驟2，以小火煮5分鐘。

4 在步驟3之中加入義式濃縮咖啡液，煮滾以後關火。

5 將各項蔬菜分切成易於食用的大小，盛放到容器之中。

6 將步驟4放到以蠟燭加熱的陶瓷鍋組中，和步驟5一起供應上桌。

咖啡師手作風格
義式濃縮咖啡奶油培根義大利麵

Spaghetti alla carbonara di caffè alla barista

<材料（1人分）>
　義大利麵…90g／鹽巴（煮麵用）…適量
　A［雞蛋（回復常溫）…1個／40%液狀鮮奶油…50ml／格拉娜‧帕達諾起司…60g］
　橄欖油…10ml／義大利培根（或是一般培根）…60g／義式濃縮咖啡（液體）…25ml
　鹽巴…適量／黑胡椒…適量／義式濃縮咖啡（現磨咖啡豆顆粒）…適量

<製作方法>
1　在煮沸的水中加入鹽巴，放入義大利麵將麵煮熟。
2　將材料A放到調理盆之中混合均勻。
3　平底鍋中倒入橄欖油，放入切成肉絲狀的義大利培根，用小火煎炒至表面金黃酥香，接著倒入義式濃縮咖啡液稍稍煮收汁。
4　將瀝掉水分的步驟1和少許的煮麵水加到步驟3裡面，接著加入步驟2，快速地和義大利麵一起攪拌均勻，再用鹽巴調整味道。
5　盛放到容器裡面，撒上黑胡椒與現磨義式濃縮咖啡豆顆粒。

白色日光風情
白醬奶油培根義大利麵

Spaghetti alla carbonara in bianco allo stile "Del sole"

<材料（1人分）>
　牛奶…25ml／40%液狀鮮奶油…25ml／義式濃縮咖啡（豆）…5g
　雞蛋（回復常溫）…1個／格拉娜‧帕達諾起司…60g／義大利麵…90g
　鹽巴（煮麵用）…適量／橄欖油…10ml／義大利培根（或是一般培根）…60g
　鹽巴…適量／黑胡椒…適量／義式濃縮咖啡（現磨咖啡豆顆粒）…適量

<製作方法>
1　將牛奶與液狀鮮奶油混合後，倒入義式濃縮咖啡豆，覆上保鮮膜密封後，浸泡一整天，再將咖啡豆
　　取出。
2　將步驟1、雞蛋、格拉娜‧帕達諾起司放入調理盆之中，混拌均勻。
3　在煮沸的水中加入鹽巴，放入義大利麵將麵煮熟。
4　平底鍋中倒入橄欖油，放入切成肉絲狀的義大利培根，用小火煎炒至表面金黃酥香。
5　將瀝掉水分的步驟3和少許的煮麵水加到步驟4裡面，接著加入步驟2，快速地和義大利麵一起攪
　　拌均勻，再用鹽巴調整味道。
6　盛放到容器裡面，撒上黑胡椒與現磨義式濃縮咖啡豆顆粒。

咖啡師手作風格
起司胡椒義大利麵

Spaghetti cacio e pepe al caffè del barista

<材料（1人分）>
　　義大利麵…90g／鹽巴（煮麵用）…適量／奶油（無鹽）…50g
　　橄欖油…30ml／義式濃縮咖啡（液體）…25ml／格拉娜·帕達諾起司…80g
　　鹽巴、胡椒…各適量／生火腿…6片／洛迪吉阿諾起司…80g
　　黑胡椒…適量／義式濃縮咖啡（現磨咖啡豆顆粒）…適量

<製作方法>
1　在煮沸的水中加入鹽巴，放入義大利麵將麵煮熟。
2　平底鍋開小火，加入奶油、橄欖油、義式濃縮咖啡（液體），一邊混合一邊使其乳化。
3　將步驟1放進步驟2之中混拌，加入格拉娜·帕達諾起司整體混拌均勻，以鹽巴與胡椒調整味道。
4　盛放到容器裡面，按照生火腿與洛迪吉阿諾起司的順序擺放上去，再撒上黑胡椒與現磨義式濃縮咖啡豆顆粒。

義式濃縮咖啡天使冷麵

Capellini al caffè

<材料（1人分）>
　天使麵（Capellini）…60g／鹽巴（煮麵用）…適量
　A［巴薩米克醋…30ml／白酒醋…20ml／EXV.橄欖油…80ml］
　番茄…1顆／義式濃縮咖啡（液體）…25ml／羅勒葉…3片
　鹽巴…適量／番茄口味義式冰淇淋…60ml

<製作方法>
1　在煮沸的水中加入鹽巴，放入天使麵燙煮，撈起後，一口放到盛了冰水的調理盆之中冰鎮。
2　在另一個調理盆中倒入材料A，以及燙過滾水去皮並切成丁的番茄。在調理盆下方墊著冰水盆，一邊攪拌一邊進行乳化。
3　將義式濃縮咖啡液加到步驟2之中混合，接著再加入撕碎的羅勒葉，用鹽巴進行調味。
4　將瀝掉水分的步驟1加到步驟3之中，快速地攪拌混合均勻。
5　盛放到容器裡面，擺上番茄口味的義式冰淇淋。

義式濃縮咖啡
奶油白醬特飛麵

Trofie con crema di caffè bianco

<材料（1人分）>
　特飛麵（Trofie）★…80g／鹽巴（煮麵用）…適量／牛奶…25ml／40%液狀鮮奶油…25ml
　義式濃縮咖啡（豆）…5g／橄欖油…20ml／大蒜…1瓣
　松子…3g／核桃…5g／鹽巴…適量／義式濃縮咖啡（現磨咖啡豆顆粒）…適量

<製作方法>
1　將牛奶與液狀鮮奶油混合後，倒入義式濃縮咖啡豆，覆上保鮮膜密封後，浸泡一整天，再將咖啡豆
　　取出。
2　在煮沸的水中加入鹽巴，放入特飛麵將麵煮熟。
3　在平底鍋中倒入橄欖油並放進大蒜加熱，炒出大蒜香氣之後，將大蒜自鍋中取出。
4　將步驟1倒到步驟3裡面，加入松子與切碎的核桃一起混合。
5　待乳化之後，將瀝掉水分的步驟2加進去，整體攪拌均勻，再以鹽巴調整味道。
6　盛放到容器裡面，撒上現磨義式濃縮咖啡豆顆粒。

★特飛麵
<材料（易於製作的分量）>
　A［高筋麵粉…100g／低筋麵粉…130g／EXV.橄欖油…20ml
　　　義式濃縮咖啡（乾燥咖啡渣）…30g／鹽巴…3g］
　雞蛋…2個　手粉、杜蘭小麥磨成的粗粒小麥粉…各適量

<製作方法>
1　將材料A倒入調理盆之中混合均勻。
2　在步驟1的中間打入雞蛋，不揉麵，而是以讓麵粉吸收水分的感覺進行混拌。
3　將步驟2挪放到撒了手粉的工作台上，一邊滾動麵團一邊收整麵團，覆上保鮮膜後，於室溫之中靜
　　置30分鐘。
4　將麵團放到義大利麵製麵機之中數次，將其壓成薄薄一片，用菜刀分切成2cm寬的帶狀麵條。
5　用手掌將每條帶狀麵條揉搓成螺旋狀，再切成大約4cm長的短麵條，撒上杜蘭小麥磨成的粗粒小麥
　　粉。

白酒花蛤黑色義大利麵

Bigoli alle vongole nere

<材料（1人分）>
　手打義大利麵★…120g／鹽巴（煮麵用）…適量／橄欖油…50ml
　大蒜…1瓣／鷹之爪紅辣椒…1根／花蛤（帶殼）…200g／白葡萄酒…50ml
　小番茄…8顆／平葉巴西里（切成末）…適量／鹽巴…適量

<製作方法>
1　在煮沸的水中加入鹽巴，放入義大利麵煮熟。
2　在平底鍋中倒入橄欖油並放進大蒜、鷹之爪紅辣椒加熱，炒出香氣之後，將鷹之爪紅辣椒自鍋中取出。
3　將花蛤加到步驟2裡面，倒入白葡萄酒，蓋上鍋蓋進行燜蒸。
4　待花蛤的殼打開之後，拿掉鍋蓋，加進壓碎的小番茄之後進行熬煮。
5　加進瀝掉水分的步驟1與平葉巴西里，整體攪拌均勻，再以鹽巴調整味道，盛放到容器裡面。

★手打義大利麵
<材料（易於製作的分量）>
　A［杜蘭小麥磨成的粗粒小麥粉…100g／鹽巴…5g／義式濃縮咖啡（乾燥咖啡渣）…10g］
　熱水（60℃）…約50ml
　手粉、杜蘭小麥磨成的粗粒小麥粉…各適量

<製作方法>
1　將材料A放到調理盆中，一邊揉捏，一邊調整加入的熱水量。
2　麵團搓揉成團後，挪移到撒了手粉的工作台上面，用手揉捏之後再次整型成團。
3　在麵團上面覆上保鮮膜，於室溫之中靜置30分鐘。
4　將麵團放到義大利麵製麵機之中數次，將其壓成薄薄一片，以1.5mm的寬度進行分切，撒上杜蘭小麥磨成的粗粒小麥粉。

義式濃縮咖啡 義大利細切麵
（唇瓣烏賊與花蛤醬汁）

Tagliolini al caffè in salsa di seppie e vongole

<材料（1人分）>
　義大利細切麵★…90g／鹽巴（煮麵用）…適量／橄欖油…50ml
　大蒜…1瓣／鷹之爪紅辣椒…1根／鰻魚柳…1片／唇瓣烏賊…100g
　花蛤（帶殼）…80g／平葉巴西里（切成末）…適量／白葡萄酒…50ml
　義式濃縮咖啡（液體）…25ml／鹽巴…適量／義式濃縮咖啡（現磨咖啡豆顆粒）…適量

<製作方法>
1　在煮沸的水中加入鹽巴，放入義大利細切麵煮熟。
2　在平底鍋中倒入橄欖油並放進大蒜、鷹之爪紅辣椒加熱，炒出香氣之後，將鰻魚柳、切成一口大小
　　的唇瓣烏賊、花蛤、平葉巴西里放進鍋中，倒入白葡萄酒，蓋上鍋蓋進行燜蒸。
3　待花蛤的殼打開之後，拿掉鍋蓋，加進壓碎的小番茄之後進行熬煮。
4　加進瀝掉水分的步驟1，整體攪拌均勻，再以鹽巴調整味道，盛放到容器裡面，撒上現磨義式濃縮
　　咖啡豆顆粒。

★義大利細切麵
<材料（易於製作的分量）>
　A［高筋麵粉…100g／低筋麵粉…150g／EXV.橄欖油…20ml／鹽巴…5g
　　　義式濃縮咖啡（乾燥咖啡渣）…20g／蛋黃…10個分］
　手粉、杜蘭小麥磨成的粗粒小麥粉…各適量

<製作方法>
1　將材料A放入調理盆中，以不揉麵的方式進行混合。
2　麵團成型後，挪放到撒了手粉的工作台上，收整麵團。
3　覆蓋上保鮮膜，於室溫之中靜置30分鐘。
4　將麵團放到義大利麵製麵機之中數次，將其壓成薄薄一片，輕輕對疊成5～6cm長的長度，再以
　　2～3cm的寬度進行分切，撒上杜蘭小麥磨成的粗粒小麥粉。

義式濃縮咖啡香
四種起司筆管麵

Penne ai quattro formaggi al profumo di caffè

<材料（1人分）>

筆管麵…80g／鹽巴（煮麵用）…適量

A［古岡左拉起司…30g／塔雷吉歐起司（Taleggio）…30g／馬斯卡彭起司…30g
40%液狀鮮奶油…60ml／奶油（無鹽）…30g／奧勒岡葉（乾燥）…1g］

義式濃縮咖啡（液體）…25ml／格拉娜・帕達諾起司…50g／鹽巴…適量

義式濃縮咖啡（現磨咖啡豆顆粒）…適量

<製作方法>

1 在煮沸的水中加入鹽巴，放入筆管麵將麵煮熟。

2 將材料A倒入平底鍋中開小火，一邊攪拌一邊煮到略為收汁。

3 煮至滑順的濃稠奶油狀時關火，加進義式濃縮咖啡液。

4 將瀝掉水分的步驟1加到步驟3之後再度開火，整體攪拌均勻。

5 加進格拉娜・帕達諾起司之後混合均勻，再以鹽巴調整味道。

6 盛放到容器裡面，撒上現磨義式濃縮咖啡豆顆粒。

義式濃縮咖啡千層麵

Lasagna al caffè

<材料（8人分）>
　千層麵（20cm×30cm的薄片狀義大利麵）
　　…4片
　鹽巴（煮麵用）…適量
　白醬★1…2kg
　義式濃縮咖啡（液體）…250ml
　波隆那肉醬★2…1kg
　莫札瑞拉起司…300g
　帕瑪森起司…100g
　義式濃縮咖啡（現磨咖啡豆顆粒）…適量

<製作方法>
1　在煮沸的水中加入鹽巴，放入千層麵燙煮
　　後，將千層麵放到裝了冰水的調理盆中冷卻
　　後，平鋪在廚房紙巾上面，吸乾水分。
2　將義式濃縮咖啡液倒入白醬之中混合。
3　準備一只略有深度的調理盤（或耐熱容
　　器），將步驟2少量均勻塗布在盤底，就連
　　角落也要塗抹到。取一片步驟1擺放到調理
　　盤中。
4　接著再分別均勻抹上一層步驟2與波隆那肉
　　醬，疊放上一片步驟1。
5　再重複進行兩次步驟4之後，最後再抹上一
　　層步驟2，隨意擺上切成條狀的莫札瑞拉起
　　司並撒上帕瑪森起司。
6　放入烤箱以250℃烘烤10分鐘左右。
7　將千層麵按照每人分盛入容器之中，撒上現
　　磨義式濃縮咖啡豆顆粒。

★1　白醬
<材料（易於製作的分量）>
　奶油（無鹽）…400g／低筋麵粉…400g
　牛奶…1000ml／40%液狀鮮奶油…500ml
　鹽巴…適量

<製作方法>
1　將奶油放入平底鍋中加熱融化，倒入低筋麵
　　粉拌炒，拌炒時須留意不能炒到變色。
2　倒入牛奶與液狀鮮奶油，一邊攪拌一邊煮至
　　沸騰。
3　以鹽巴調整味道。

★2　波隆那肉醬
<材料（易於製作的分量）>
　牛絞肉…2kg／鹽巴、胡椒…各適量
　橄欖油…適量／紅葡萄酒…500ml
　洋蔥…4個／胡蘿蔔…3根
　西洋芹…3根／月桂葉…4片
　整顆番茄罐頭（水煮）…1小罐
　蔬菜肉汁清湯（Brodo）…1000ml

<製作方法>
1　在整團牛絞肉上面撒上適量的鹽巴與胡椒。
2　在平底鍋中倒入橄欖油熱鍋，將步驟1放入
　　鍋中拌炒，注入紅葡萄酒並點燃酒精。
3　洋蔥、胡蘿蔔、西洋芹各切成末，放入已先
　　倒入橄欖油熱鍋的平底鍋中，用小火拌炒約
　　1小時。
4　將步驟2與步驟3放入鍋中混合，加入整顆
　　番茄、月桂葉並倒入蔬菜肉汁清湯，熬煮約
　　1個半小時，再以鹽巴與胡椒調整味道。

義式濃縮咖啡風味牛絞肉餡
義大利餛飩

Tortelli di manzo al caffè

<材料（1人分）>
- 內餡［牛絞肉…200g／洋蔥（切成末）…1個分／橄欖油…50ml
  肉豆蔻…少許／格拉娜‧帕達諾起司…60g／義式濃縮咖啡（粉）…7g／鹽巴、胡椒…各適量］

  義大利餛飩皮★…5～6cm正方形薄片狀22片／杜蘭小麥磨成的粗粒小麥粉…適量
  鹽巴（煮麵用）…適量／奶油（無鹽）…60g／義式濃縮咖啡（液體）…25ml／帕瑪森起司…50g

<製作方法>
1 製作內餡。在平底鍋中倒入橄欖油熱鍋，將牛絞肉與洋蔥放入鍋中拌炒，撒上肉豆蔻。
2 加入格拉娜‧帕達諾起司與義式濃縮咖啡粉拌炒均勻，以鹽巴與胡椒調整味道，移到調理盤中放涼。
3 將義大利餛飩皮分切成5～6cm的正方形薄片狀。
4 步驟2盛放到步驟3中間，將餛飩皮對摺成三角形封住邊緣，再捲起左右兩邊疊合在一起壓緊，包出餛飩的形狀，撒上杜蘭小麥磨成的粗粒小麥粉。
5 在煮沸的水中加入鹽巴，放入步驟4煮熟。
6 將奶油放入平底鍋中開小火加熱融化，倒入義式濃縮咖啡液後混合均勻，再將瀝掉水分的步驟5加到鍋中混拌。
7 盛入容器之中，撒上帕瑪森起司。

義大利餛飩麵團★
<材料（易於製作的分量）>
A ［高筋麵粉…100g／低筋麵粉…150g／雞蛋…2個／鹽巴…5g
    EXV.橄欖油…10ml／義式濃縮咖啡（乾燥咖啡渣）…20g］
  手粉…適量

<製作方法>
1 將材料A倒入調理盆中，以不揉麵的方式進行混合。
2 麵團成型後，挪放到撒了手粉的工作台上，收整麵團。
3 覆蓋上保鮮膜，於室溫之中靜置30分鐘。
4 將麵團放到義大利麵製麵機之中數次，將其壓成薄薄一片。

卡乃隆義大利麵捲

Cannelloni al caffè

<材料（1人分）>
　A［洋蔥…1/2個／胡蘿蔔…1/4根／西洋芹…1/2根／蘑菇…5朵
　　　奶油（無鹽）…60g／雞絞肉…200g／白葡萄酒…50ml］
　鹽巴、胡椒…各適量／白醬…100g　※作法請參照170頁「義式濃縮咖啡千層麵」。
　義式濃縮咖啡（液體）…25ml／可麗餅餅皮…2片／帕瑪森起司…30g

<製作方法>
1　將材料A切成末。
2　將奶油放入平底鍋中加熱融化，放入雞絞肉與步驟1之後拌炒，注入白葡萄酒並點燃酒精，以鹽巴
　　與胡椒調整味道。
3　將義式濃縮咖啡液倒入白醬之中混合。
4　攤開可麗餅餅皮，盛放上步驟2，從靠近自己的這一側開始，捲起可麗餅。
5　將步驟3少量均勻塗布在烤盤上面，擺上步驟4，在上面淋上步驟3。
6　撒上帕瑪森起司，放入烤箱以250℃烘烤10分鐘。

羅馬風情 火腿玉棋

Gnocchi alla romana al caffè

<材料（1盤分）>
●火腿玉棋
　A［杜蘭小麥磨成的粗粒小麥粉…100g／奶油（無鹽）…20g／牛奶…200ml
　　　水…200ml／鹽巴…適量］
　去骨火腿（Boneless ham）…50g

●沙巴翁醬汁（Zabajone）
　蛋黃…2個分／白葡萄酒…50ml／瑪薩拉酒…10ml／EXV.橄欖油…10ml
　義式濃縮咖啡（液體）…25ml／鹽巴、胡椒…各適量

義式濃縮咖啡（現磨咖啡豆顆粒）…適量

<製作方法>
1　製作內含火腿的玉棋。將材料A放入鍋中後開火，一邊攪拌一邊加熱，煮至滑順狀態。
2　將切成細丁狀的火腿倒入步驟1裡面攪拌均勻，離火倒入調理盤之中平鋪開來，移入冷藏室中冷卻定型。
3　製作沙巴翁醬汁。將所有的材料放入調理盆之中，隔水加熱的同時，以打蛋器進行攪拌。
4　用直徑5cm的圓形切模進行壓模，放入烤箱以200℃烤到表面金黃上色。
5　將步驟4擺放到容器之中，淋上步驟3並撒上現磨義式濃縮咖啡豆顆粒。

義式濃縮咖啡燉飯
佐洛迪吉阿諾起司

Risotto al caffè con formaggio lodigiano

<材料（1人分）>
　燉飯★…100g／小蝦子仁…5隻／櫛瓜…1/3根／義式濃縮咖啡（液體）…25ml
　奶油（無鹽）…50g／格拉娜‧帕達諾起司…60g／鹽巴、胡椒…各適量
　洛迪吉阿諾起司…60g／義式濃縮咖啡（現磨咖啡豆顆粒）…適量

<製作方法>
1　將燉飯、小蝦仁、切成薄片的櫛瓜放入鍋中開強火，將燉飯的水分煮蒸散掉。
2　待水分蒸散得差不多時轉為小火，倒入義式濃縮咖啡液，於鍋中混合均勻。
3　將奶油與格拉娜‧帕達諾起司依序加入鍋中，快速地混拌均勻後，以鹽巴與胡椒調整味道。
4　盛放入容器之中，撒上刨好的洛迪吉阿諾起司，撒上現磨義式濃縮咖啡豆顆粒。

★燉飯
<材料（1人分）>
　洋蔥（切成末）…1/4個分／橄欖油…60ml／生米…180g
　白葡萄酒…40ml／蔬菜肉汁清湯（Brodo）…適量／月桂葉…1片／鹽巴…適量

<製作方法>
1　在平底鍋中倒入橄欖油熱鍋，將洋蔥放入鍋中拌炒。
2　待洋蔥炒軟以後，直接將未經水洗的生米放入鍋中，拌炒至米粒呈晶瑩透明狀。
3　加入白葡萄酒並煮到酒精揮發，接著再注入蔬菜肉汁清湯至剛好蓋住米粒的量，放上月桂葉煮至水
　　分蒸散掉，以鹽巴調整味道。
4　盛裝到調理盤中放涼備用。

咖啡師手作風格
奶油培根披薩

—————————————————————

Pizza carbonara del barista

＜材料（1人分）＞
　披薩餅皮麵團★…180g　※作法請參照145頁「酥炸披薩餅皮」。
　培根…60g／莫札瑞拉起司…80g／格拉娜・帕達諾起司…20g
　A［40％液狀鮮奶油…50ml／雞蛋…1個／格拉娜・帕達諾起司…30g］
　義式濃縮咖啡（液體）…20ml／義式濃縮咖啡（現磨咖啡豆顆粒）…適量

＜製作方法＞
1　將披薩餅皮麵團擀成直徑30cm的圓形，擺上切成條狀的培根與莫札瑞拉起司，再撒上格拉娜・帕
　　達諾起司。
2　材料A放入調理盆中混拌均勻，再倒入義式濃縮咖啡液混合。
3　將步驟2淋到步驟1上面，放入披薩烤窯或是250℃的烤箱之中烘烤3分鐘。
4　盛放到容器中，撒上現磨義式濃縮咖啡豆顆粒。

義式濃縮咖啡披薩
「美好生活」

Pizza al caffè "Dolce vita"

<材料（1人分）>
　義式濃縮咖啡（液體）…25ml／白砂糖…8g
　披薩餅皮…180g　※作法請參照145頁「酥炸披薩餅皮」。
　馬斯卡彭起司…80g／糖粉…50g／義式濃縮咖啡（現磨咖啡豆顆粒）…適量

<製作方法>
1　白砂糖倒入義式濃縮咖啡液裡面，攪拌均勻。
2　將披薩餅皮麵團擀成直徑30cm大的圓形，用刷子塗上步驟1。
3　放入披薩烤窯或是250℃的烤箱之中烘烤1分鐘左右。
4　再次用刷子塗上步驟1，整體撒上糖粉，再次將表面烤到焦糖化。
5　接著再重複進行兩次步驟4，將表面烤出一層脆皮。
6　盛放入容器中，分切成6等分，擺上馬斯卡彭起司並撒上糖粉，再撒上現磨義式濃縮咖啡豆顆粒。

煎烤干貝
佐義式濃縮咖啡醬汁

Capesante alla griglia con salsa al caffè

<材料（1人分）>
　干貝…8個／鹽巴、胡椒…各適量／長蔥（蔥綠部分）…2根分
　A［干貝外套膜…30g／義式濃縮咖啡（液體）…25ml／巴薩米克醋…20ml／白砂糖…5g］

<製作方法>
1　在干貝與長蔥的蔥綠部分上面撒上鹽巴與胡椒，分別放到燒烤盤上燒烤。
2　將材料A放到平底鍋中開火，熬煮到醬汁略呈現濃稠度，再以鹽巴與胡椒調整味道。
3　將步驟1盛放到容器之中，淋上步驟2。

烤挪威海螯蝦
佐羅勒義式濃縮咖啡醬汁

Scampi alla griglia con pesto alla genovese con aroma di caffè

<材料（1人分）>
　挪威海螯蝦…2隻／鹽巴、胡椒鹽…各適量

●羅勒義式濃縮咖啡醬汁
　A ［羅勒葉…50g／松仁…50g／大蒜…1/4瓣／帕馬森起司…30g
　　　EXV.橄欖油…100ml／鹽巴…適量］
　美乃滋…150g／義式濃縮咖啡（液體）…25ml

　小番茄…4個／乾燥百里香…適量

<製作方法>
1　將挪威海螯蝦縱向對半切開並做好事先處理，撒上鹽巴與胡椒後，放到燒烤盤上面燒烤。
2　製作羅勒義式濃縮咖啡醬汁。將材料A放入食物調理機之中攪拌，再移到調理盆中，加進美乃滋與
　　義式濃縮咖啡液混合。
3　將步驟1盛放到容器裡面，淋上步驟2，撒上切成四等分的小番茄，擺上乾燥百里香做點綴。

煎烤鮮魚
佐義式濃縮咖啡鹽

Pesce alla griglia con sale al caffè

＜材料（1人分）＞
　白肉魚（比目魚等魚類）…1片（200g）／綠蘆筍…4根
　小番茄…8個／鹽巴、胡椒…各適量
　A［義式濃縮咖啡（粉）…10g／鹽巴…6g］

＜製作方法＞
1　分別在白肉魚、綠蘆筍與小番茄上面撒上鹽巴與胡椒，放到燒烤盤上面燒烤。
2　將材料A混合在一起，調配出義式濃縮咖啡鹽。
3　將步驟1盛放到容器之中，佐附上步驟2。

天使風 香煎雞腿排

Pollo alla griglia all'angelo di caffè

<材料（1人分）>
　雞腿肉…1片（大約250g）／鹽巴、胡椒…適量
　蔬菜（紅色甜椒、黃色甜椒、櫛瓜、洋蔥、茄子等）…各適量
　橄欖油…適量／義式濃縮咖啡（現磨咖啡豆顆粒）…適量
　檸檬切片…1切片／迷迭香…適量

<製作方法>
1　在雞腿肉上面撒上鹽巴與胡椒，將帶皮一側向上擺放到預熱好的燒烤盤上面，壓上重石進行燒烤。
2　待雞肉表面出現烤痕之後，再次壓上重石燒烤。
3　蔬菜分切成易於食用的大小，以橄欖油香煎之後，再撒上鹽巴與胡椒。
4　將步驟3盛放到容器之中，撒上現磨義式濃縮咖啡豆顆粒，佐附上檸檬切片，擺上迷迭香做點綴。

咖啡師手作風 義式炸豬排

Cotoletta del barista

<材料（1人分）>
　豬肩里肌肉（肉片）…3片／鹽巴、胡椒…各適量
　A［麵包粉…100g／帕瑪森起司…10g／義式濃縮咖啡（粉）…7g］
　B［蛋液…1個分／義式濃縮咖啡（液體）…10ml］
　奶油（無鹽）…適量／橄欖油…適量／義式濃縮咖啡（現磨咖啡豆顆粒）…適量
　擺盤用沙拉（芝麻菜等蔬菜、EXV.橄欖油、鹽巴、帕瑪森起司）…各適量

<製作方法>
1　將豬肩里肌肉片邊緣稍微重疊在一起攤開，撒上鹽巴與胡椒。
2　材料A放入調理盤中混合均勻。
3　材料B放入調理盆中混合均勻。
4　將步驟1放到步驟2裡面，在豬肩里肌肉片兩面沾上一層薄薄的麵包粉。
5　接著將肉片放到步驟3裡面，整體裹覆上蛋液之後，再放到步驟2裡面，用手掌輕壓以均勻沾裹上麵包粉。
6　使用菜刀的刀背，在肉片上面壓上格子狀刀痕。
7　將等量的橄欖油及奶油放入平底鍋中加熱，放入步驟6油炸至兩面酥香。
8　盛放到容器之中，撒上現磨義式濃縮咖啡豆顆粒，佐附上擺盤用沙拉。

香煎豬肉排
佐義式濃縮咖啡巴薩米克醋醬汁

Maiale alla griglia con salsa balsamica e caffè

<材料（1人分）>
　帶骨豬肩里肌肉…200g／鹽巴、胡椒…各適量／撒薩米克醋…30ml
　義式濃縮咖啡（液體）…25ml／白砂糖…10g／奶油（無鹽）…20g
　擺盤配菜（烤馬鈴薯）…適量／迷迭香…2枝

<製作方法>
1　在帶骨豬肩里肌肉上面撒上鹽巴與胡椒，放到熱好的燒烤盤上面，雙面香煎。
2　將巴薩米克醋、義式濃縮咖啡液與白砂糖放入平底鍋中，開火熬煮，待溫熱之後再加進奶油，熬煮至醬汁出現濃稠狀態。
3　將步驟1分切後，盛放到容器之中，淋上步驟2再擺上迷迭香做點綴。

義式濃縮咖啡
照燒雞腿

Pollo Teriyaki al caffè

<材料（1人分）>
　雞腿肉…1片（約250g）／鹽巴、胡椒…各適量／橄欖油…適量
　味醂…30ml／巴薩米克醋…30ml／白砂糖…50g
　義式濃縮咖啡（液體）…25ml／義式濃縮咖啡（現磨咖啡豆顆粒）…適量
　擺盤用沙拉（萵苣、紅葉萵苣、日本蕪菁等蔬菜，鹽巴、白酒醋、帕瑪森起司）…各適量

<製作方法>
1　在雞腿肉雙面撒上鹽巴與胡椒。
2　將橄欖油倒入平底鍋中熱鍋，放入步驟1之後，雙面香煎。
3　香煎上色之後，加入味醂、巴薩米克醋、白砂糖煮至收汁。
4　收汁至醬汁略有稠度之後，加入義式濃縮咖啡液，將雞肉翻面再繼續煮至醬汁收乾。
5　分切成易於食用的大小，盛放到容器之中，撒上現磨義式濃縮咖啡豆顆粒，佐附上擺盤用沙拉。

義式煎火腿豬肉片

Saltimbocca con salsa al caffè

<材料（1人分）>
薄切豬肉片…4片／鹽巴、胡椒…各適量／鼠尾草…8片／生火腿…8片／低筋麵粉…適量
橄欖油…適量／蘑菇…3個／白葡萄酒…30ml
義式濃縮咖啡（液體）…25ml／奶油（無鹽）…30g／鼠尾草（點綴用）…適量

<製作方法>
1 薄切豬肉片上面撒上鹽巴與胡椒，每片肉上面各擺上兩片鼠尾草、疊上兩片生火腿。
2 將低筋麵粉雙面撒在步驟1上面，輕輕拍掉多餘的麵粉。
3 將橄欖油倒入平底鍋中熱鍋，香煎步驟1。先從生火腿那一面開始煎，待香煎上色之後翻面，將事先切成片狀的蘑菇也加進去一起香煎。
4 注入白葡萄酒，煮至揮發掉之後，加入義式濃縮咖啡液與奶油煮至收汁。
5 將肉自鍋中取出並盛入容器之中。將剩餘的醬汁繼續煮到收汁，以鹽巴與胡椒調整味道之後，淋到肉上面，擺上鼠尾草做點綴。

皮埃蒙特風菲力牛肉
佐義式濃縮咖啡蕈菇醬汁

Filetto di bue alla piemontese con salsa al caffè

<材料（1人分）>
牛腰內肉（菲力）…150g／鹽巴、胡椒…各適量

●醬汁
　　橄欖油…適量／大蒜（切成末）…1瓣分
　　A ［鴻喜菇…1/2包／杏鮑菇…1朵／香菇…1朵／牛肝菌菇（Porcini）…1朵］
　　白葡萄酒…30ml／巴薩米克醋…30ml／義式濃縮咖啡（液體）…25ml
　　奶油（無鹽）…30g／番茄紅醬…50ml／迷迭香…適量
　　鹽巴、胡椒…各適量／義式濃縮咖啡（現磨咖啡豆顆粒）…適量

<製作方法>
1　在牛腰內肉上面撒上鹽巴與胡椒，放到預熱好的燒烤盤上雙面香煎。
2　製作醬汁。在平底鍋中倒入橄欖油並放進大蒜加熱，再將切成易於食用大小的材料A加進鍋中拌炒，注入白葡萄酒煮至酒精揮發掉。
3　關火，加入巴薩米克醋、義式濃縮咖啡液與奶油，再次開火並整體拌炒均勻。
4　接著加入番茄紅醬，整體混拌均勻後，以鹽巴與胡椒調整味道。
5　將步驟1盛放到容器之中，淋上步驟4並撒上現磨義式濃縮咖啡豆顆粒，擺上迷迭香做點綴。

烤小羊排
佐義式濃縮咖啡醬汁

Arrosto d'agnello con salsa al caffè

<材料（1人分）>
帶骨羊小排…4根／鹽巴、胡椒…各適量／橄欖油…適量

●義式濃縮咖啡醬汁
義式濃縮咖啡醃漬液…75ml
　　※使用152頁「義式濃縮咖啡醃漬帕瑪森起司」的醃漬液。
鹽巴…適量／奶油（無鹽）…20g／義式濃縮咖啡（現磨咖啡豆顆粒）…適量
擺盤用沙拉（芝麻菜）…適量

<製作方法>
1　在帶骨羊小排上面撒上鹽巴與胡椒。
2　在平底鍋中倒入橄欖油熱鍋，放入步驟1香煎至雙面金黃上色之後，放進烤箱以250℃烘烤10分鐘。
3　製作義式濃縮咖啡醬汁。將義式濃縮咖啡醃漬液倒入平底鍋中，開火，一邊攪拌一邊煮收汁至剩餘一半的量。
4　以鹽巴調整味道後，加入奶油繼續煮成濃稠狀。
5　將步驟2盛放到容器之中，淋上步驟4，撒上現磨義式濃縮咖啡豆顆粒，再佐附上芝麻菜。

義大利新鮮香腸
佐義式濃縮咖啡顆粒芥末醬

Salsiccia con senape in grani al caffè

<材料（1人分）>

義大利新鮮香腸（Salsiccia）…2條／顆粒芥末醬…15g／義式濃縮咖啡（粉）…2g

義式濃縮咖啡（液體）…10ml／迷迭香…適量

<製作方法>

1　義大利新鮮香腸放到預熱好的燒烤盤中香煎。

2　顆粒芥末醬與義式濃縮咖啡粉放到調理盆中，再一邊少量倒入義式濃縮咖啡液一邊攪拌混合。

3　將步驟1對半分切後，盛放到容器之中，佐附上步驟2再擺上迷迭香點綴。

迷迭香風味烤羊肉派
佐烤馬鈴薯

Abbacchio in sfogliata al profumo di rosmarino con arrosto di patate

<材料（1人分）>
　羊里肌肉…100g／鹽巴、胡椒…各適量／橄欖油…適量
　「皮埃蒙特風菲力牛肉　佐義式濃縮咖啡蕈菇醬汁」的醬汁…50g　※作法請參照185頁
　酥皮麵團…50g／迷迭香…適量／蛋黃（塗抹酥皮用）…適量
　擺盤配菜（烤馬鈴薯・迷迭香）…各適量

<製作方法>
1　在羊肉上面撒上鹽巴與胡椒。
2　將橄欖油倒入平底鍋中熱鍋，放入步驟1將表面香煎至金黃上色後，放入烤箱以250℃烘烤10分鐘。
3　將「皮埃蒙特風菲力牛肉　佐義式濃縮咖啡蕈菇醬汁」的醬汁放到食物調理機裡面，攪打至稍微保有口感的程度。
4　將酥皮麵團擀成15cm×20cm的長方形，將步驟2擺放到酥皮中央，再將步驟3盛放到步驟2的兩端，擺上迷迭香後，用酥皮整個包裹起來。
5　用刷子將蛋黃塗抹到酥皮上面，放入烤箱以250℃烘烤15分鐘。
6　將步驟5對半分切後，盛放到容器之中，佐附上烤馬鈴薯，擺上迷迭香做點綴。

義大利風 香煎肋排

Costina di maiale marinata al caffè all'italiana

＜材料（1人分）＞

肋骨排…3根

A［醬油…50ml／義式濃縮咖啡（液體）…50ml／大蒜（切成末）…1瓣分
蜂蜜…30ml／酒…30ml／迷迭香…適量］

義式濃縮咖啡（現磨咖啡豆顆粒）…適量／迷迭香、鼠尾草（點綴用）…各適量

＜製作方法＞

1　將肋骨排放到調理盆中。

2　混合材料A調製成醃漬液，倒進步驟1裡面，浸泡30分鐘左右。

3　放入烤箱以250℃烘烤30分鐘

4　將步驟3盛放到容器之中，撒上現磨義式濃縮咖啡豆顆粒，擺上迷迭香與鼠尾草做點綴。

陽光風情
南蠻炸雞

———————————

Pollo Nanban allo stile "Del sole"

＜材料（1人分）＞
●南蠻炸雞
　雞腿肉⋯1片（250g）／鹽巴、胡椒⋯各適量／太白粉⋯適量／油炸用油⋯適量
　A［醬油⋯50ml／醋⋯50ml／砂糖⋯30g］

●義式濃縮咖啡塔塔醬
　水煮蛋⋯1個／美乃滋⋯50ml／義式濃縮咖啡（液體）⋯25ml／鹽巴、胡椒⋯各適量

　巴西里⋯適量

＜製作方法＞
1　在雞肉上面撒上鹽巴與胡椒，再沾裹上一層薄薄的太白粉。
2　將材料A放入鍋中，開火將砂糖煮融。
3　將步驟1放入中溫熱油中炸熟後，放到步驟2之中，醃漬10分鐘左右。
4　製作義式濃縮咖啡塔塔醬。將水煮蛋切成細條狀，放入調理盆裡面，加入美乃滋與義式濃縮咖液混合均勻，再以鹽巴與胡椒調整味道。
5　將步驟3盛放到容器之中，淋上步驟4，擺上巴西里做點綴。

熱融半凍冰糕

Paciugo

<材料（6人分）>
●巧克力蛋白霜
　　蛋白…96g／白砂糖…70g／海藻糖…30g／糖粉…97g
　　可可粉…30g／黑巧克力…適量

●半凍冰糕（Semifreddo）
　　蛋黃…135g／蜂蜜…65g／水飴…45g／白砂糖…40g／水…10g
　　35%液狀鮮奶油…400g／香草莢…1/5根／糖漬酸櫻桃（Amarena Cherries）（切碎）…85g

●蛋白霜
　　蛋白…適量／白砂糖…與蛋白等量

●擺盤
　　糖漬酸櫻桃…12顆／義大利杏仁餅（Amaretti）（剁碎）…60g／義式濃縮咖啡（液體）…25ml

<製作方法>
1　製作巧克力蛋白霜。將蛋白、白砂糖與海藻糖混合在一起，隔水加熱至50℃，用攪拌器打發至八分發泡。
2　糖粉與可可粉過篩並混合在一起，加到步驟1之中，以切拌方式混合均勻。
3　將步驟2填裝到附有細圓形擠花嘴的擠花袋之中，在烤盤上面擠成螺旋狀。
4　放進90℃的烤箱之中，低溫烘烤90～120分鐘。
5　放涼之後，用刷子在內面塗抹上融化的巧克力。
6　製作半凍冰糕。將蛋黃、蜂蜜、水飴、白砂糖與水放進調理盆中，輕輕攪打出泡沫之後，隔水加熱的同時，將蛋白打發至提起攪拌器後會自然垂落成絲綢狀的發泡狀態。
7　將香草莢的種籽加到液狀鮮奶油裡面，打發至八分發泡。
8　將步驟6、步驟7與切碎的糖漬酸櫻桃，快速地混拌在一起。
9　將步驟5置於直徑6cm的慕斯圈底部，倒入步驟8至填平慕斯圈，放到冷凍室中冰凍固定。
10　製作蛋白霜。將蛋白與砂糖混拌在一起打發（亦可依據喜好少量添加杏仁香甜酒〔Amaretto〕或香草）。
11　待步驟9固定成型之後脫去慕斯圈，在頂部擠上5g的蛋白霜，再用噴槍輕輕燒炙表面。擺上糖漬酸櫻桃與義大利杏仁餅做點綴，淋上義式濃縮咖啡液。

白咖啡奶酪

Panna cotta al caffè bianco

<材料（易於製作的分量）>
　35%液狀鮮奶油…1000ml／白砂糖…100g
　義式濃縮咖啡（豆）…20g／吉利丁粉…4g／義式濃縮咖啡（粉）…適量／薄荷…適量

<製作方法>
1　義式濃縮咖啡豆放到液狀鮮奶油裡面，覆蓋上保鮮膜，浸泡一整天。
2　步驟1與白砂糖放入鍋中，開中火慢慢煮滾後，離火。
3　將預先用水溶開的吉利丁粉加到步驟2裡面，在底下墊上冰水的同時將其攪拌均勻。
4　將步驟3過篩倒到容器裡面，放到冷藏室裡面冷卻固定。
5　用湯匙舀起，盛放到容器之中，撒上義式濃縮咖啡粉，擺上薄荷葉做點綴。

綜合水果焗烤

Frutta gratinata al caffè

<材料（1盤分）>
　水果（香蕉、草莓、柳橙、葡萄柚等）…適量

●義式濃縮咖啡卡士達醬
　鮮奶…800ml／香草莢…1/2根／蛋黃…100g／白砂糖…180g
　低筋麵粉…150g／義式濃縮咖啡（液體）…50ml

　糖粉…適量／義式濃縮咖啡（粉）…適量

<製作方法>
1　水果分別切成相同大小。
2　製作義式濃縮咖啡卡士達醬。將香草莢的種籽加到鮮奶裡面，煮滾。
3　將蛋黃與白砂糖放到調理盆裡面混合均勻，倒入過篩麵粉攪拌均勻，將步驟2分成數次倒入的同時不斷進行攪拌。
4　步驟3倒入鍋中，一邊攪拌一邊熬煮。
5　倒進調理盤裡面，覆蓋上保鮮膜，待放涼以後放到冷藏室裡面冷藏。
6　將義式濃縮咖啡液加到步驟5裡面，混合均勻。
7　步驟1盛放到耐熱容器裡面，淋上步驟6，在上面撒上糖粉，放進烤箱以250℃烘烤上色。
8　從烤箱中取出，再次撒上糖粉，以噴槍將糖粉燒炙至焦糖化，撒上義式濃縮咖啡粉。

阿法奇朵

Affogato

<材料（1人分）＞
　鮮奶義大利冰淇淋…80g／焦糖杏仁果…適量／義式濃縮咖啡（液體）…25ml

<製作方法＞
1　用冰淇淋杓將冰淇淋盛放到玻璃杯中，擺放上碾碎的焦糖杏仁果。
2　將義式濃縮咖啡液萃取到奶盅裡面，再淋到步驟1上面。

義式濃縮咖啡巧克力布丁

Bonet di caffè

<材料（2人分）>
●巧克力布丁體
　　調溫巧克力（Couverture Chocolate）…10g／鮮奶…80g／35%液狀鮮奶油…80g
　　可可粉…16g／雞蛋…2個／白砂糖…50g／義式濃縮咖啡液…70g
　　義大利杏仁餅…20g

●焦糖液
　　白砂糖…56g／水…28g

●裝飾用
　　35%液狀鮮奶油、義式濃縮咖啡（豆）、義大利杏仁餅…各適量

<製作方法>
1　調溫巧克力切碎並放入調理盆中，隔水加熱融化。
2　鮮奶與液狀鮮奶油倒進另一個調理盆中隔水加熱，一邊攪拌一邊加溫。
3　雞蛋與白砂糖倒入另一個調理盆中攪拌均勻，取一半的步驟2，以一邊倒入一邊攪拌的方式慢慢攪拌均勻。
4　將剩下一半的步驟2加到步驟1裡面混合均勻，再倒入可可粉一併混勻。
5　步驟3與步驟4混拌均勻並進行過濾。
6　徒手將義大利杏仁餅剝碎後，加到步驟5裡面。
7　把義式濃縮咖啡液倒進步驟6之中，混拌均勻。
8　將製作焦糖液的材料放入鍋中加熱，倒入耐熱陶瓷杯底部平鋪上一層焦糖液，再倒入步驟7。
9　步驟8擺放到烤盤上面，再烤盤中加水至陶瓷杯容器一半高，放進烤箱以150℃烘烤20分鐘，調換方向再繼續烤15分鐘。
10　放涼之後放進冷藏室中冷藏，要供應的時候再擠上打至八分發的鮮奶油，擺上義式濃縮咖啡豆與義大利杏仁餅做點綴。

義式冰淇淋可樂餅 佐義式濃縮咖啡甜醬

Crocchetta di gelato in salsa al caffè

<材料（2人分）>
●義式濃縮咖啡凍
　洋菜條…4g／義式濃縮咖啡（液體）…75ml／白砂糖…60g

　鮮奶義式冰淇淋…90g×2
　烘焙堅果（杏仁、榛果、腰果）…各60g

●義式濃縮咖啡甜醬
　義式濃縮咖啡（液體）…50ml／白砂糖…40g

●裝飾用
　烘焙堅果、義式濃縮咖啡（液體）、薄荷葉…各適量

<製作方法>
1　製作義式濃縮咖啡凍。將洋菜條放到水中泡軟，用手撕碎後放到鍋中，倒入義式濃縮咖啡液與白砂糖，以小火加溫。
2　煮到洋菜溶解之後倒進模具裡面，放到冷藏室中冷藏。固定成型後脫模，切成長條狀。
3　鮮奶義式冰淇淋分別盛放到保鮮膜上面，壓凹冰淇淋的正中央，擺上一條步驟2，再用冰淇淋包裹起來，塑型成圓筒狀。
4　烘焙堅果拍碎，平鋪到調理盤裡面，再將步驟3放到調理盤，使其表面均勻沾裹上一層堅果碎。
5　將義式濃縮咖啡甜醬的材料放入鍋中，開火煮至略呈現出濃度。
6　將步驟4擺放到容器之中，在外圍淋上幾圈步驟5，撒上義式濃縮咖啡粉，擺上薄荷葉做點綴。

奶油甜餡煎餅卷
佐義式濃縮咖啡焦糖堅果碎

Cannolo croccante al caffè

<材料（50條分）>

●煎餅麵團

　A［低筋麵粉…500g／白砂糖…60g／可可粉…6g／義式濃縮咖啡（粉）…10g

　　　肉桂粉…3g／白酒醋…50ml／白葡萄酒…100ml

　　　豬油…50g／義式濃縮咖啡（液體）…100ml]

　手粉…適量／蛋液…1個分／油炸用油…適量／巧克力糖衣…適量

●奶油餡

　里考塔起司…100g／40％液狀鮮奶油…50ml／白砂糖…50g

　焦糖堅果碎★…50g／薄荷葉…適量

★焦糖堅果碎

　帶皮杏仁…200g／白砂糖…200g／義式濃縮咖啡（豆）…7g

1　將所有材料放入鍋中，開火拌炒。

2　放入食物調理機中，細細地攪拌成碎末。

<製作方法>

●煎餅麵團

1　材料A放入調理盆之中，以手揉拌均勻。

2　將步驟1收整成一團，覆上保鮮膜，於室溫之中靜置15分鐘。

3　分切成每個重7g的麵團後搓圓，撒上手粉再擀成直徑10cm的圓形餅皮。

4　用奶油甜餡煎餅卷的圓筒模具捲起步驟3，捲完之後在邊緣交界處塗上蛋液防定型。

5　放到180℃的熱油之中，油炸至金黃上色。

6　將炸好的煎餅卷脫模放涼，在內側裹覆上一層巧克力糖衣。

●奶油餡

1　將里考塔起司、液狀鮮奶油與白砂糖放入調理盆中，打發至八分發。

●最後步驟

1　將奶油餡擠入煎餅卷之中，再讓兩端裹覆上焦糖堅果碎。

2　擺放到容器上面，擺上薄荷葉做點綴。

法式小泡芙

Profiteroles con crema di caffè

\<材料（2人分）\>
●泡芙麵糊
　水…400ml／鮮奶…100ml／奶油（無鹽）…200g／鹽巴…8g／低筋麵粉…300g／雞蛋…9個

●奶油餡
　義式濃縮咖啡卡士達醬…50g　※作法請參照193頁「綜合水果焗烤」。
　40%液狀鮮奶油…50ml／白砂糖…20g

●甜醬
　巧克力醬…30ml／義式濃縮咖啡（液體）…25ml

　糖粉…適量

\<製作方法\>
●泡芙麵糊
1　將水、鮮乳、奶油與鹽巴倒入鍋中，開火煮至沸騰。
2　一口氣加入過篩低筋麵粉混合，一邊加熱一邊確實攪拌均勻。
3　關火，以每加入一個雞蛋就攪拌均勻的方式加完雞蛋。
4　用圓形擠花嘴在烤盤上面擠出直徑2cm圓形，噴上一層水霧，放進烤箱以200℃烘烤10分鐘。

●奶油餡
1　鮮奶油與白砂糖放入調理盆中，打發至八分發。
2　將義式濃縮咖啡卡士達醬加到步驟1之中，快速混拌均勻。

●最後步驟
1　待小泡芙放涼之後，用圓形擠花嘴將奶油餡擠入泡芙之中。
2　將義式濃縮咖啡液加到巧克力醬裡面混合均勻。
3　在容器上面鋪上一層步驟2，一個盤子疊放上10顆小泡芙，從上面再次淋上步驟2並撒上糖粉。

提拉米蘇

Tiramisù

<材料（10人分）>
●馬斯卡彭奶油霜
　　馬斯卡彭起司…250g／蛋黃…60g／40%液狀鮮奶油…1000ml
　　白砂糖…150g／蘭姆酒…10ml

●白色海綿蛋糕體（一個50×35cm烤盤分）
　　雞蛋…3個／白砂糖…100g／低筋麵粉…100g

　　義式濃縮咖啡（液體）…400ml／可可粉…適量／薄荷葉…適量

<製作方法>
●馬斯卡彭奶油霜
1　馬斯卡彭起司與蛋黃放到調理盆之中，混拌均勻。
2　液狀鮮奶油與白砂糖放到另一個調理盆裡面，打發至六分發。
3　將步驟2加到步驟1裡面混拌均勻，加入蘭姆酒之後繼續打發。

●白色海綿蛋糕體
1　雞蛋打入調理盆中打散，加進白砂糖，隔水加熱的同時以攪拌器進行攪拌。
2　加熱至接近人體肌膚的溫度後，結束隔水加熱，繼續打發至顏色呈現白色且提起攪拌器後會自然垂
　　落成絲綢狀的發泡狀態。
3　加進過篩低筋麵粉，快速地混拌均勻。
4　倒進預先鋪好烘焙紙的烤盤裡面，放進烤箱以200℃烘烤12分鐘。

●最後步驟
1　將放涼的白色蛋糕體鋪到容器之中，用刷子塗刷的方式讓蛋糕多吸收一點義式濃縮咖啡液。
2　覆上一層馬斯卡彭奶油霜並抹平。
3　重覆進行一次步驟1與步驟2，再在上面撒上可可粉。
4　分切成單人分量並盛放到容器之中，擺上薄荷葉做點綴。

阿法奇朵・提拉米蘇

Tiramisù affogato

＜材料（1人分）＞
提拉米蘇奶油霜★…80g／義式濃縮咖啡（粉）…適量／義式濃縮咖啡（液體）…25ml

＜製作方法＞
1　把提拉米蘇奶油霜盛放到玻璃杯中，撒上義式濃縮咖啡粉。
2　將義式濃縮咖啡液萃取到奶盅裡面，再淋到步驟1上面。

★提拉米蘇奶油霜
＜材料（10人分）＞
蛋黃…6個分／白砂糖…130g／馬斯卡彭起司…500g／35%液狀鮮奶油…200ml

＜製作方法＞
1　將蛋黃與白砂糖放入調理盆之中，用攪拌器打發至顏色呈現白色且提起攪拌器後會自然垂落成絲綢狀的發泡狀態。
2　分成2～3次加入馬斯卡彭起司，混拌均勻。
3　將液狀鮮奶油倒入別的調理盆之中，打發至七分發，再分成數次加進步驟2裡面，用橡皮刮刀混拌均勻。
4　盛裝到容器之中，放到冷藏庫中冷藏固定。

阿法奇朵・蜂蜜

Affogato con miele

＜材料（1人分）＞
　鮮奶義式冰淇淋…70g／蜂蜜…5g／義式濃縮咖啡（粉）…適量

＜製作方法＞
1　用冰淇淋杓將冰淇淋盛放到玻璃杯中。
2　從上面淋上蜂蜜。
3　撒上義式濃縮咖啡粉。

阿法奇朵・魔法

Affogato magico

＜材料（1人分）＞
　鮮奶義式冰淇淋…35g／焦糖杏仁果…3g／糖漬栗子…3g
　棉花糖…5g／義式濃縮咖啡（液體）…25ml

＜製作方法＞
1　用冰淇淋杓將冰淇淋盛放到玻璃杯中，擺放上碾碎的焦糖杏仁果與細細切碎的糖漬栗子。
2　在上面覆蓋上一層棉花糖後供應上桌，在面前淋上義式濃縮咖啡液。

義式濃縮咖啡口味　義式冰淇淋

Gelato al caffè

<材料（易於製作的分量）>

★白色冰淇淋基底…1000ml／義式濃縮咖啡（液體）…150g／即溶咖啡…5g
白砂糖…10g／煉乳…5g

義式濃縮咖啡（現磨咖啡豆顆粒）…適量／威化餅乾…1片

<製作方法>

1　將所有的材料混合在一起，倒入義式冰淇淋製造機裡面冰凍。
2　待冰淇淋製作完成後，移到調理盤中，撫平表面形狀。
3　用冰淇淋杓將義式濃縮咖啡口味冰淇淋盛放到玻璃杯中。
4　撒上現磨義式濃縮咖啡豆顆粒，擺上威化餅乾做點綴。

★白色冰淇淋基底

<材料（易於製作的分量）>

（脫脂奶粉、葡萄糖、白砂糖、乳化安定劑、鮮奶、液狀鮮奶油）

<製作方法>

1　脫脂奶粉與葡萄糖混合均勻。
2　白砂糖與乳化安定劑混合均勻。
3　將鮮奶倒入巴氏殺菌機（Pasteurizer）中，使其加熱至40℃。
4　待步驟3加熱至40℃之後，讓液狀鮮奶油呈現細流狀的方式慢慢倒入，混合均勻。
5　待步驟4加熱至60℃之後，加入步驟1進行溶解。待加完步驟1以後，再慢慢地倒入步驟2。
6　以80℃殺菌加熱後，冷卻，靜置一晚熟成。

※沒有巴氏殺菌機的話，也可以使用深鍋，插入溫度計，一邊攪拌一邊製作。

卡薩塔

Cassata al caffè

<材料（10×15cm磅蛋糕模具1個分）>
●奶油霜
　里考塔起司…200g／40%液狀鮮奶油…200ml／白砂糖…100g
　巧克力豆…30g／義式濃縮咖啡（豆）…3g

　杏仁糖膏…100g／綠色色素粉…0.5g
　白色海綿蛋糕體（35×15cm）…1片　※作法請參照199頁「提拉米蘇」。
　義式濃縮咖啡凍（5mm丁狀）…適量
　　※作法請參照196頁「義式冰淇淋可樂餅 佐義式濃縮咖啡甜醬」。
　糖漬櫻桃（紅・綠）…各11顆／義式濃縮咖啡（粉）…適量

<製作方法>
●奶油霜
1　將里考塔起司、液狀鮮奶油、白砂糖放入調理盆中，打發至八分發。
2　加進巧克力豆與現磨義式濃縮咖啡豆顆粒，快速混拌均勻。

●組合・最後步驟
1　將綠色色素粉揉入杏仁糖膏裡面，擀成薄片狀。
2　白色海綿蛋糕體切成10×15cm的長方形，備上三片。
3　將一片步驟2鋪到磅蛋糕模具裡面，平整塗抹上一層奶油霜，再次鋪上一片步驟2並塗抹奶油霜，最後再疊上一片步驟2。
4　蛋糕脫模後，於上面與側面塗抹上奶油。
5　將步驟1貼合到蛋糕側面，再把切成細丁狀的咖啡凍與糖漬櫻桃擺到蛋糕上面做點綴。
6　切片之後盛裝到盤子上面，在蛋糕外圍撒上義式濃縮咖啡粉。

圓頂蛋糕

Zuccotto con croccante al caffè

<材料（直徑12cm調理盆1個分）>
●奶油霜
　　馬斯卡彭起司…200g／40%液狀鮮奶油…200ml／白砂糖…100g／焦糖堅果碎…70g

●咖啡色海綿蛋糕體
<材料（50×35cm大小1片分）>
　　雞蛋…3個／白砂糖…100g／低筋麵粉…70g／可可粉…30g

　　白色海綿蛋糕體（50×35cm）…1片　　※作法請參照199頁「提拉米蘇」。
　　鏡面果膠…100ml／義式濃縮咖啡（液體）…25ml／義式濃縮咖啡（粉）…適量

<製作方法>
●奶油霜
1　將馬斯卡彭起司、液狀鮮奶油與白砂糖放入調理盆中，打發至九分發。
2　加進焦糖堅果碎，快速進行混拌。

●咖啡色海綿蛋糕體
1　雞蛋打入調理盆中打散，加進白砂糖，隔水加熱的同時以攪拌器進行攪拌。
2　加熱至接近人體肌膚的溫度後，結束隔水加熱，繼續打發至顏色呈現白色且提起攪拌器後會自然垂落成絲綢狀的發泡狀態。
3　低筋麵粉與可可粉混合後過篩，加進步驟2之中快速混拌均勻。
4　倒進預先鋪好烘焙紙的烤盤裡面，放進烤箱以200℃烘烤12分鐘。

●組合・最後步驟
1　白色與咖啡色海綿蛋糕體以4cm間距進行分切，接著再沿著對角線切成三角形。
2　將步驟1穿插鋪放到調理盆之中，填入奶油霜，再覆蓋上剩餘的海綿蛋糕。
3　倒扣脫模盛放到上面，用刷子將混合了咖啡液的鏡面果膠，塗刷在海綿蛋糕上面，在蛋糕外圍撒上義式濃縮咖啡粉。

卡布奇諾

Cappuccino

＜材料（1人分）＞
　義式濃縮咖啡（液體）…25ml／奶泡…175ml

＜製作方法＞
1　將義式濃縮咖啡萃取到卡布奇諾咖啡杯中。
2　稍微傾斜咖啡杯，開始注入奶泡。
3　注入至奶泡浮出表面之後，再次將咖啡杯擺正，繼續注入奶泡至貼齊咖啡杯邊緣。

瑪奇朵

Caffè macchiato

＜材料（1人分）＞
　義式濃縮咖啡（液體）…25ml／奶泡…10ml～15ml

＜製作方法＞
1　將義式濃縮咖啡液萃取到義式濃縮咖啡杯裡面。
2　稍微傾斜義式濃縮咖啡杯，從靠近咖啡杯的較低位置開始往中間注入奶泡。
3　注入至奶泡浮出表面之後，再次將咖啡杯擺正，繼續注入奶泡至貼齊咖啡杯邊緣。

拿鐵瑪奇朵

Latte macchiato

＜材料（1人分）＞
　義式濃縮咖啡（液體）…25ml／奶泡…150ml

＜製作方法＞
1　將奶泡注入杯中。
2　萃取義式濃縮咖啡，以渲染步驟1的感覺注入義式濃縮咖啡液。

冰搖咖啡

Caffè shakerato

＜材料（1人分）＞
　白砂糖…6g／義式濃縮咖啡（液體）…50ml／鮮奶…50ml／冰（方塊狀）…6個（120g）

＜製作方法＞
1　將白砂糖與義式濃縮咖啡液倒入雪克杯中，用湯匙確實攪拌溶解砂糖。
2　倒入鮮奶與冰塊，蓋上蓋子，用力搖晃雪克杯。
3　倒進玻璃杯中。

卡布奇諾 海鹽焦糖

Cappuccino al gusto di caramello salato

<材料（1人分）>
　　義式濃縮咖啡（液體）…25ml／焦糖醬…5g／焦糖糖漿…1g
　　西西里海鹽…2g／奶泡…125ml／巧克力醬…1g

<製作方法>
1　將義式濃縮咖啡萃取到卡布奇諾咖啡杯中，加進焦糖醬、焦糖糖漿與海鹽，用湯匙攪拌均勻。
2　稍微傾斜咖啡杯，開始注入奶泡。
3　注入至奶泡浮出表面之後，再次將咖啡杯擺正，繼續注入奶泡至貼齊咖啡杯邊緣。
4　用巧克力醬在表面勾勒出圖樣。

幻麗彩虹

Arcobaleno

<材料（1人分）>
　　香草風味優格…80g／香草糖漿…10ml／義式濃縮咖啡（液體）…25ml
　　巧克力醬…適量／紅色糖醬…適量／綠色糖醬…適量
　　※紅色與綠色糖醬，分別是在糖漿之內加進吉利丁粉增添濃稠度。

<製作方法>
1　將香草風味優格倒入奶泡壺裡面，慢慢加進香草糖漿的同時攪拌均勻。
2　接著再加進義式濃縮咖啡液。
3　用巧克力醬在玻璃杯中描繪出圖樣後，注入步驟2。
4　依照巧克力醬、綠色糖醬、紅色糖醬的順序，在表面畫出三個同心圓，用雞尾酒針勾勒出圖樣。

清爽碳酸咖啡

Caffè rinfrescante

<材料（1人分）>
　可樂…50ml／香草糖漿…5ml／鮮奶義式冰淇淋…35g／白砂糖…5g
　義式濃縮咖啡（液體）…25ml／冰（方塊狀）…適量

<製作方法>
1　可樂倒進玻璃杯中，加進香草糖漿混合均勻。
2　將鮮奶義式冰淇淋、白砂糖與義式濃縮咖啡倒入雪克杯中，輕輕攪拌，放進冰塊之後蓋上蓋子，搖晃雪克杯。
3　動作輕輕地將步驟2注入步驟1。

咖啡 西西里圓舞曲

Caffè siciliano

<材料（1人分）>
　義式濃縮咖啡（液體）…25ml／白砂糖…3g／血橙果汁…90ml
　香草糖漿…5ml／柳橙糖漿…5ml／鮮奶…20ml
　檸檬皮屑…0.1g／冰（方塊狀）…適量／檸檬切片…1片

<製作方法>
1　砂糖加進義式咖啡濃縮液汁中，攪拌均勻。
2　血橙果汁倒進玻璃杯裡面，加進香草糖漿與柳橙糖漿，攪拌均勻。
3　將步驟1、鮮乳、檸檬皮屑與冰塊放入雪克杯之中，蓋上蓋子並搖晃雪克杯。
4　將步驟3慢慢地注入到步驟2裡面，添上檸檬切片。

咖啡 榛果協奏曲

Caffè nocciolina

<材料（1人分）>
　A［義式濃縮咖啡（液體）…25ml／鮮乳…25ml／榛果義式冰淇淋…40g
　　榛果糖漿…10ml／冰（方塊狀）…6個］

　巧克力醬…3g／焦糖杏仁果…適量

<製作方法>
1　將材料A放進攪拌機裡面，攪拌至冰塊呈現冰砂狀。
2　用巧克力醬在玻璃杯中描繪出圖樣。
3　將步驟2注入到步驟1裡面，撒上碾碎的焦糖杏仁果做點綴。

咖啡香苦酒

Bitter

<材料（1人分）>
　馬丁尼・純香艾酒（Martini Extra Dry）…20ml／金巴利利口酒…20ml／普羅賽柯氣泡酒…40ml
　義式濃縮咖啡（液體）…25ml／冰（方塊狀）…適量

<製作方法>
1　在玻璃杯中放入冰塊，注入馬丁尼・純香艾酒、金巴利利口酒與普羅賽柯氣泡酒調合均勻。
2　動作輕輕地注入義式濃縮咖啡液，輕輕地混合均勻。

咖啡脂香醇酒

Crema

<材料（1人分）>
　奶泡…20ml／Vecchio Amaro del Capo…30ml
　義式濃縮咖啡（液體）…25ml

<製作方法>
1　將Vecchio Amaro del Capo倒進玻璃杯中，接著注入奶泡。
2　自杯中央注入義式濃縮咖啡液。

粉漾櫻桃酒

Amarena

<材料（1人分）>
　義式濃縮咖啡（液體）…25ml／阿瑪雷托杏仁香甜酒（Amaretto Almond Liqueur）…20ml／
　　黑櫻桃…4顆
　奶泡…20ml／紅色糖醬…適量　※紅色糖醬是在糖漿之內加進吉利丁粉增添濃稠度。

<製作方法>
1　事先提早一點萃取出義式濃縮咖啡液。
2　將黑櫻桃放到玻璃杯中，注入阿瑪雷托杏仁香甜酒。
3　注入冷卻下來的奶泡。
4　沿著玻璃杯邊緣輕輕地注入步驟1，接著再用紅色糖醬在表面勾勒出圖樣。

奶香義式濃縮咖啡風味 卡魯哇牛奶

Latte di Kahlua al caffè

<材料>
　卡魯哇咖啡香甜酒（Kahlua Liqueur）…20ml／義式濃縮咖啡（液體）…25ml／鮮乳…50ml
　奶泡…20ml／冰（方塊狀）…適量

<製作方法>
1　冰塊放到玻璃杯中，依序注入卡魯哇咖啡香甜酒與義式濃縮咖啡液。
2　將鮮乳倒進步驟1裡面，再於上面注入奶泡。

柳香咖啡酒‧米蘭

Milano

<材料（1人分）>
　義式濃縮咖啡（液體）…25ml／金巴利利口酒…20ml／柳橙糖漿…5ml
　柳橙汁…35ml／柳橙切片…1/2片／冰（方塊狀）…適量

<製作方法>
1　事先提早一點萃取出義式濃縮咖啡液。
2　將金巴利利口酒與柳橙糖漿注入玻璃杯中，用湯匙攪拌均勻。
3　放進冰塊，倒進柳橙汁，接著再沿著玻璃杯緣靜靜地注入步驟1。
4　添上柳橙切片做點綴。

奶香咖啡柳橙雞尾酒

Arancione

<材料（1人分）＞
　A［義式濃縮咖啡（液體）⋯25ml／鮮奶⋯50ml／柳橙香甜酒⋯20ml
　　糖漿⋯10ml］
　柳橙切片⋯1/2片／冰（方塊狀）⋯適量

<製作方法＞
1　將材料A倒入雪克杯中，以湯匙攪拌均勻。
2　放進冰塊並蓋上蓋子，充分進行搖晃。
3　注入玻璃杯中，添上柳橙切片做點綴。

⚫ 優質義式濃縮咖啡是健康食材

臨床治療師‧預防醫療推進研究家

下條 茂

當我收到想要以「義式濃縮咖啡是健康食材」為主題撰寫一篇文章的委託時，曾經抱頭尋思苦想過。

若問原因，那便是因為市井中所謂的義式濃縮咖啡，並非全部都屬於健康食材。義式濃縮咖啡的營養價值，會受到咖啡豆的產地、咖啡豆的品質、咖啡豆的保存方法，還有烘焙方法與萃取方法等因素的變動而有所不同。

我平時便從心理訓練與飲食指導開始，為各領域裡的佼佼者提供量身打造各種個人治療規劃，並且每年於日本全國各地舉辦八十次以上，以醫師、牙醫師、營養師、藥劑師為對象的演講，深知不僅要讓大家了解義式濃縮咖啡的優點，也有必要讓大家意識到它的缺點。

為此，我再次閱讀了二十本與咖啡有關的海外論文，並試著整理了一下。

關於咖啡的優點‧缺點

● 降低癌症發生的風險（但也有可能因為飲食搭配而出現相反的狀況）。

● 促進腦部活性化而具保護神經的效果，能預防認知障礙症。

● 促進肌肉活性化（與咖啡因中所含的腺苷受體〔Adenosine Receptor〕結合之後，就能夠分泌鎮靜神經的腎上腺素，即使勉強身體也能運動）。只不過，若喝太多可能會造成身體負擔，在數年前的奧運還曾經出現過被判斷為體育禁藥的案例。

● 具有豐富的抗氧化物質，能夠除去活性氧。

● 能夠促進體內5％～10％的新陳代謝，讓脂肪更易燃燒。

● 由於具有利尿作用，所以不適合作為補給水分的飲品，在飲用之後最好再攝取三倍以上的飲水。

● 可以促進腸胃活性化，因而也能作為
解便秘用藥，但也有引發炎症的風
險。
● 增加孕期中的流產、胎兒罹患小兒白
血病及成長障礙等疾患的風險。
● 具有提高自律神經運作、提高免疫力
的作用，能夠預防生活習慣病。

諸如此類，有各式各樣的論文被發表
出來。

只不過，人們之所以會說新鮮程度是
咖啡的生命，拿極端一點的舉例來說，
那就跟「即便是人們口中對健康很好的
烤魚或生魚片，若是在久放而氧化的狀
態下食用，也不一定就會有益健康」是
一樣的道理。

會導致咖啡豆氧化的天敵有很多，諸
如高溫、多濕、氧氣、陽光等因素。雖
然烘焙咖啡豆的最佳賞味期限基本上是
一年內，但是在常溫保存下的咖啡豆經
過一個月左右就會氧化掉。

至於研磨好的咖啡粉則是因為更容易
接觸空氣，氧化的速度也隨之增快，而
若是在氧化進行的狀態下飲用，就會成
為對身體不利的咖啡。

在這裡，讓我們再次來確認看看義式
濃縮咖啡的特徵吧。

由於義式濃縮咖啡要在短時間內進行
萃取，所以醇韻、苦味、甜味與酸味之
間取得良好平衡，沖煮出幾乎沒有澀味
的濃醇風味，也有較多的鮮甜成分，所
以能夠根據與鮮奶之間的比例，調配出
咖啡拿鐵、卡布奇諾、咖啡瑪奇朵等好
幾種的義式濃縮咖啡。

極力將成分濃縮萃取出來的義式濃縮
咖啡，其所使用的深焙咖啡豆，在烘焙
的階段就已減少了咖啡因的含量，更因
為萃取時間也很短暫，所以咖啡因也不
易溶出，可極力抑制缺點而突顯優點。

咖啡香氣的主要成分，是來自於一種
名為吡嗪（Pyrazine）的化學物質，它
會在遇熱之後產生出來，而義式濃縮咖

啡經過烘焙與高壓濃縮之後，吡嗪的含
量便十分豐富。在現代高壓社會中，咖
啡香氣具有促進腦的活性化與調節血流
的作用。

此外，成分中的梅納汀（Me-
lanoidin）具有抗氧化作用，可以防止
細胞的DNA受到活性氧的傷害，抑制
DNA受到脂肪酸化的破壞，更具有抑
制膽固醇的作用。

梅納汀能令血管保持年輕活力、防止
血液過於濃稠，因而具有「預防動脈硬
化與高脂血症」的作用。此外，由於它
也具有穩定血糖值，防止餐後血糖值快
速上升的效果，所以在「預防糖尿病的
效果」這方面也相當值得期待。

此外，也有報告指出，梅納汀也擁有類似食物纖維的效果，具有調節腸道環境進而消除便祕的作用。

完美萃取義式濃縮咖啡之際，二氧化碳會集中成微小的氣泡。重點在於要形成漂亮的三個層次，也就是吸附乙烯兒茶酚寡物這種苦味主成分或微粉、油滴等物質的上層泡沫咖啡脂「Crema」，以及中層咖啡液「Body」與下層咖啡精華「Heart」。

在此再次重申，只要是使用高地栽培的優質原豆、經過優質烘焙、並且忠實按照基本的沖煮方法所萃取出來的義式濃縮咖啡，不但咖啡因含量非常少，其餘有益健康成分也並不低於手沖滴漏式咖啡，所以作為健康食材的效果是相當可期的。

最後，我想要再順帶補充一些事情。

義式濃縮咖啡對我而言，在日本就如同是米飯、在義大利就如同是義大利麵一般的存在。它可以搭配各種食材、每天飲用也沒問題，是一種十分實在的基本食材。正因為如此，在烹調的方法與食材的運用方法，以及溶入想法與情感的堅持下，可以變得可口美味，也可能變得難以下嚥。橫山千尋先生所萃取出來的義式濃縮咖啡裡面，有著一流咖啡師才有的技術與嚴格挑選食材的堅持，其美味程度是毫無疑問的。那是一種滿足氧化與營養這種化學性要素的美味，對健康也很有益。

書寫美味而味美。每當我品飲橫山先生的義式濃縮咖啡時，我都會不由自主地想著一件事，那就是──「他所萃取出來的每一杯美味義式濃縮咖啡，都是美麗而惹人憐愛的作品」。

下條　茂（SHIMOJO・SHIGERU）

1997年成立Natural Medical。擅長治療運動障礙，乃至婦人疾病、慢性疾病；其診療患者不乏知名人士，從頂尖運動員、專業運動選手，到演藝人員皆有。將視線放在改善生活勝於治療，以原始・保養（預防、生活醫學）的實踐為基礎。諮詢人數超過18萬人，研討會據點更是超過600處以上。著有「痛み、病気、そこに愛はありますか？（痛與病，那之中有愛嗎？）」（文藝社）、「病気のなり方おしえます～あなたの望みどおりの病気になるためのガイドブック～（告訴你罹病的方法～罹患你想得的病的指南書）」（エヌ・ティー・エス）等書籍。■Natural Medical　http://www.natural-mj.com/

結語

在義大利學會義式冰淇淋的製作方法後，就到米蘭的酒館開始咖啡師修業，已經是距今超過25年以前的事情了。老實說，在那之前，我對於咖啡抱持著一種不太能夠接受的感覺。然而，當我在當地喝到真正的義式濃縮咖啡的那一瞬間，它的美味程度使我生出了「這種咖啡，我喝得下！」的感動，也興起了想要將酒館文化的美好與義式濃縮咖啡的美味傳揚給日本人的念頭。於是就與夥伴一起在東京‧六本木開了一間「BAR DEL SOLE（バール‧デルソーレ）」。在那之後，我更是出席咖啡師世界大會或著手成立咖啡師研習會的人才培育，持續不斷地致力於推廣義式濃縮咖啡。本書也是其中的一環，基於想要讓義式濃縮咖啡成為在日本也十分而熟能詳的存在進行企劃，經過長期的菜單開發期間，才終於得以付梓出版。

這本食譜（Ricetta）書既是如何使用咖啡烹調料理的提案，同時也是重新發掘義式濃縮咖啡魅力的一本書籍。只要我們試著用更寬廣的眼界去看待，而不是只把咖啡當作一種飲料，就會了解到我們其實可以用它將料理烹調得更為美味、也能夠對身體起到更好的效果，對義式濃縮咖啡的關心程度自然也就會越來越高。將本書拿在手中的您，只要也試著實際動手做出在這邊介紹到的菜單來嚐嚐看，一定能夠打開一個令人雀躍不已的義式濃縮咖啡新世界。

在製作這本書的時候，我從一個重要夥伴之一，跟我一樣愛義大利愛到不行的「ANCORA」主廚大久保憲司那裡得到了諸多的幫助。在此表示深深的謝意。

此外，在此也萬分感謝，協助以「義式濃縮咖啡與健康」為主題執筆惠賜文稿的「Natural Medical」下條茂先生，協助闡述義式濃縮咖啡的魅力。藉由這個機會，在此重重地表示我的誠摯感謝。

我由衷地希望，從義大利餐廳主廚或酒館、咖啡廳的經營者，再到一般咖啡愛好

2019年4月　與大久保憲司一起，攝於山口縣宇部市「ANCORA（アンコーラ）」。

者，都能夠試著做看看使用義式濃縮咖啡的料理，也希望總有一天這樣的料理能夠成為眾所皆知的標準菜單品項之中。

咖啡師兼調酒師　橫山千尋

221

給咖啡店創業者的圓夢提案

避開倒店潮，深耕在地、
以小規模創造驚人收益的
致勝長銷法則，究竟為何呢？

咖啡店的「跟風開店潮」
導致許多店家的倒閉，
那麼你知道那些受在地人長期愛戴、
實力堅強的店家，他們的秘密是什麼嗎？
將食材剩餘量「可見化」；
製作及出餐流程「效率化」；
因應需求口味要「市場化」；
以及，注重咖啡技術的「專業化」。
美食月刊「近代食堂」總編輯
嘔心瀝血全紀錄，
從三十年以上特色風格迥異、
卻都長銷熱賣的咖啡小店裡，
獲得的經驗跟啟發。
開一間讓人心跳不已、
深受愛戴的店吧！
向十五間咖啡店學習的開店祕訣，
教你如何開一間
規模小而實力堅強的店！

■定價：NT.380

〈作者簡介〉

橫山千尋　Yokoyama Chihiro

1962年出生於愛知縣名古屋市。1983年於大阪「辻調理師專門學校」畢業後，遠赴法國里昂的小酒館修業。1984年於米蘭積累了義式冰淇淋相關製作技術後，分別於1985年、1986年、1987年以義式冰淇淋職人的身分參與義式冰淇淋世界大會（Expo In Milano），並連續三年榮獲金獎。1994年進入位於米蘭的小酒館「La Terrazza」進行成為咖啡師的修業。1996年成為首位得到義大利認可的日籍咖啡師。2001年，和夥伴一起開立了「フォルトゥーナ（Fortuna）株式會社」，並於同年9月開立「バール・デルソーレ（BAR DEL SOLE）」。2002年及2004年於「日本咖啡師大賽（Japan Barista Championship）」獲得冠軍，並作為日本代表出席「世界咖啡師大賽（World Barista Championship）」。2004年於世界拉花藝術大賽（World Latte Art Championship）獲得亞軍。2016年6月，於日本首次舉辦的「國際義大利咖啡冠軍大賽（Espresso Italiano Champion）」獲得冠軍。每日作為咖啡師與調酒師勤勉不懈的同時，也出席各種研討會與上節目、進行活動策劃等工作，致力於義大利酒館的推廣與培育後進。著有《咖啡師·調酒師教本（バリスタ・バールマン教本）》（旭屋出版）。

TITLE

冠軍咖啡師的浪漫咖啡料理

STAFF

出版	瑞昇文化事業股份有限公司
作者	橫山千尋
譯者	黃美玉
總編輯	郭湘齡
責任編輯	張聿雯
文字編輯	徐承義　蕭妤秦
美術編輯	許菩真
排版	二次方數位設計　翁慧玲
製版	印研科技有限公司
印刷	桂林彩色印刷股份有限公司
法律顧問	立勤國際法律事務所　黃沛聲律師
戶名	瑞昇文化事業股份有限公司
劃撥帳號	19598343
地址	新北市中和區景平路464巷2弄1-4號
電話	(02)2945-3191
傳真	(02)2945-3190
網址	www.rising-books.com.tw
Mail	deepblue@rising-books.com.tw
初版日期	2021年1月
定價	580元

ORIGINAL JAPANESE EDITION STAFF

デザイン	108GRAPHICS
撮影	後藤弘行（旭屋出版）
編集	三上恵子　前田和彦　斉藤明子（旭屋出版）
イタリア語翻訳協力	ANCORA　大久保憲司　大久保 和（みきた）
イタリア語校正	柴田瑞枝

國家圖書館出版品預行編目資料

冠軍咖啡師的浪漫咖啡料理/橫山千尋
作；黃美玉譯. -- 初版. -- 新北市：瑞昇
文化事業股份有限公司, 2021.01
224面；18.2X25.7公分
譯自：コーヒーで料理を作る
ISBN 978-986-401-461-3(平裝)
1.食譜 2.咖啡

427.1　　　　　　　　　　109019098